女人，
你要高贵到老

韦甜甜◎著

台海出版社

图书在版编目(CIP)数据

女人,你要高贵到老 / 韦甜甜著. —北京:台海出版社,
2016.12

ISBN 978-7-5168-1216-7

Ⅰ.①女… Ⅱ.①韦… Ⅲ.①女性–人生哲学–通俗读物
Ⅳ.①B821–49

中国版本图书馆 CIP 数据核字(2016)第 295728号

女人,你要高贵到老

著　　者:韦甜甜

责任编辑:王　艳

装帧设计:芒　果　　　　　　版式设计:通联图文

责任校对:吕彩云　　　　　　责任印制:蔡　旭

出版发行:台海出版社

地　址:北京市朝阳区劲松南路 1 号　　邮政编码:100021

电　话:010-64041652(发行,邮购)

传　真:010-84045799(总编室)

网　址:www.taimeng.org.cn/thcbs/default.htm

E-mail:thcbs@126.com

经　销:全国各地新华书店

印　刷:北京柯蓝博泰印务有限公司

本书如有破损、缺页、装订错误,请与本社联系调换

开　本:710mm×1000 mm　　　1/16

字　数:190 千字　　　　　　印　张:15.25

版　次:2017 年 1 月第 1 版　　印　次:2017 年 1 月第 1 次印刷

书　号:ISBN 978-7-5168-1216-7

定　价:36.00 元

这个世界上漂亮女人很多，聪明女人也不少，但高贵女人却鲜有人见。因为，想要保持高贵的风尚很难。

在这个浮夸虚表的世界，女人要做到外表高贵确实不难，但要做一个灵魂圣洁、内心高贵的女人却不易。

1

高贵似黄金，是一种精神信仰，一个内在高贵的人即使身处异处，虽然暂时是尘埃里的花，但她不会因命运的践踏而枯萎。她能用她的高贵去赢得赞许，征服他人。

如果说漂亮女人是一道风景，那高贵女人就是万绿丛中一点红。她会像沉香的酒，不仅可以共赏，而且也禁得起细品。高贵就是一种精神的内在升华，漂亮可以随手拈来，但一个高贵的品格却要经过由内而外的熏陶才能展现出来。做人不容易，做女人更不易，老天不会让每一个女人都有漂亮的容貌，或是锦衣华服。但是，我们可以用后天的努力，来高贵我们的灵魂。

女人的高贵是对事情的宽容大度，对人生的从容豁达，懂得自赏自爱。女人都想做男人身边的奢侈品，不想成为男人的日用品。漂亮让男人停步，智慧让男人留下，高贵的女人不一定最聪明但她们却睿智。小聪明可以耍一时，大智若愚却是常青树，一个高贵的女人面对一段没有结果的感情，必定会不卑不亢；面对一个背信弃义的男人，会让他自己开门离开，然后告诉他把门带好。

高贵的女人一定拥有自信，她深知如果自己都不疼惜自己，那就得不到世人的怜爱。她不要求最完美，但她会要求自己做到最好，她并不一定有物质上的最富足，但她会完备内心的高洁。她知道只有慢慢地增值，只有知识能带来财富，能改变命运，她明白弱水三千只取一瓢的道理。她把自己活成深埋于尘土里的种子，慢慢发芽、开花、结果，等着一个赏识的人来采收。

2

男人喜欢温柔的女人，因为女人的温柔能让男人的心灵取暖。然而，温柔有时候似乎又可能成为一种没有原则的爱。一个女人对一个不值得托付终身的男人付出温柔，从某种程度上说是成全了男人的罪恶。

尽管岁月会在女人的脸上刻下一道道皱纹，但同时，它也会使女人成熟，别具风韵。

最终令一个女人闪耀的还是她的思想，而不是她的容貌，有思想的女人才是一朵常开不败的花。她们美丽大方，打扮得体，聪明伶俐，待人亲切——这是男性心目中的理想女性。

人生之事如下棋或输或赢，或欢喜或悲伤。而高贵女人，知道那些不是风动，也不是幡动，而是仁者心在动，她们深悟境由心生，唯有心空者才能自明。她们不为昨日而忧，今日而烦，明日而躁，以无欲则刚的平常心来对待得失，一切之于情，迂于理，随缘行之，她们用海纳百川的胸怀待他人，而让自己的人生更为精彩。

高贵，是女人的人格魅力，只有经过时间的洗练才能释放，只有经过不断修整才能运筹帷幄。它能使人感觉到舒适，能让异性们怦然心跳，它是女人内在的一种修为。

漂亮女人如果是艳丽之花，聪明女人如果是尘世之光，那高贵女人就是名贵典雅的玉器。

3

所以做女人的最高境界就是——高贵。

本书的目的正是如此。它看似简单却深入地触及到女人身心成长的各个层面。它囊括了成熟与魅力、职业与成功、心情与快乐、形象与交往、沟通与艺术、婚姻与爱情、信任与奉献、激励与相夫等方面的内容。它将帮助女人全面提升自己的高贵气质，实现破茧而出、羽化成蝶的升华。

　　读完本书你会发现，高贵与你的出身显赫没有关系，与你的全身名牌没有必然联系，你学会了不说粗话并不是高贵，那只能说明你文明，你举止优雅只能证明你有素养……高贵，是人性中天然释放的聚光点，它不是用女人的美丑、衣着、文明尺度来丈量，它是女人内心潜存的精神意念，它会在恰当的时机，为你开启灵魂深处的一道门。

第一章　真正的大家风范，就是先做好你自己　/ 1

　　《女人的资本》一书中说：摩登女人过于肤浅，另类女人过于张扬，传统女人过于保守，普通女人过于小气，而有一种女人把"体面、适当"奉为一生的信仰，这就是"格调女人"。

1. 寻找独一无二的格调　/ 2
2. 不为迎合他人而温柔，不为保持尊贵而矫情　/ 5
3. 给自己一点点"自恋"　/ 8
4. 在安静中，不慌不忙地坚强　/ 11
5. 梦想和爱情一样值得浇灌　/ 14
6. 追求梦想，从认识自我开始　/ 17
7. 从你的童话世界里走出来　/ 22

第二章　愿你有高跟鞋也有跑鞋，喝茶也喝酒　/ 27

　　翻开你的衣柜、鞋柜、首饰盒，有多少衣服、鞋子、饰品买了之后却很少甚至从来没有穿过戴过？尽管如此，对于热衷于打扮的人来说，衣柜永远都缺那么几件东西——"得不到的永远在骚动"。

1. 追求的不是数量，而是品位和质量　/ 28
2. 名牌，不是用来喂养别人眼睛的　/ 31
3. 勇敢地扔掉外在和心灵深处的杂物　/ 34
4. 你逛的不是商场，是时尚　/ 38
5. 永远不要小看一个保持身材的女人　/ 41
6. 在梳妆台前，每一个女人都有机会当艺术家　/ 44
7. 首饰，画龙点睛的隽永　/ 47

第三章　女人如诗，品位是一种生活态度 / 51

　　品位是一种生活态度，也是一种无形智慧和财富。如果说性感魅力是女人外在的美丽，独立自信是女人内在的气质，那么品位格调则是女人价值的终极展现。一个女人拥有品位，等于享受增值的自我；表现出品位，则意味着成功了一半。

1. 不见花开，只闻暗香浮动 / 52

2. 亲近艺术，远离八卦和肥皂剧 / 55

3. 富有和有品位绝对是两码事 / 58

4. 读书，最简单的美容之法 / 61

5. 不能艳绝天下，就妙趣倾城 / 66

6. 童心不泯的女人不会老 / 70

7. 高贵的调情，永远不动声色 / 73

第四章　先有高贵的品行，才有美丽的外表 / 77

　　有时候，你也会发现，美丽如此容易：一个并不完美的外表，因为美丽的灵魂，折射出的美感竟是这样动人心魄，令人匪夷所思。

1. 善良带来的美丽，持久高贵 / 78

2. 豁达从容，宁静淡泊 / 80

3. 不完美才是真的美 / 83

4. 真诚的女人是上帝最精美的艺术品 / 86

5. 不抱怨命运的不公 / 88

6. 对工作倾注极大的热情 / 92

7. 美丽来自欣赏，而毁灭来自妒忌 / 95

第五章　你会不会因为声音，爱上一个人　/ 97

> 优雅的谈吐就像整洁的仪表，会使人觉得十分愉快。如果你能习惯运用文雅的辞令，即使偶尔开个玩笑，说些俏皮话，对方仍旧能够感受到你内在的涵养、气质，而乐于与你交谈。

1. 培养良好的说话风度　/ 98

2. 见了什么都说"好"，不如不说　/ 102

3. 羞答答的玫瑰要大胆地开　/ 104

4. 男人需要的不是建议而是信任　/ 108

5. 像训练形体一样去训练自己的声音　/ 109

6. 倾听，最受欢迎的女性语言　/ 112

7. 不卑不亢，冷静处理突发状况　/ 116

第六章　我心温柔，自有力量　/ 119

> 世事未必能尽如人意，有欣喜，当然也有黯然。它固然有成串的欢笑，当然也有令人沮丧而泣的时刻。但那都只是过眼云烟，终不能永远定格。

1. 浅笑安然，让一切伤害了无痕　/ 120

2. 做朋友可以一生，做情人只得一时　/ 123

3. 遥想当年，春衫薄　/ 129

4. 风度和教养是你的第一张名片　/ 134

5. 泪水太多，就会变得廉价　/ 136

第七章　低质量的社交，不如高质量的独处　/ 139

很多人都说女人是天生的社交家，所以，身为女人，就要把这种天赋挖掘出来。但，身为一个高贵的女人，在社交中，千万要注意交往的质量，与其交一堆低质量的朋友，倒不如静静地独处。

1. 打造自己的"权贵"圈子　/ 140

2. 怎样才能嫁给一个总统　/ 143

3. 助人为乐有底线，求人帮忙有上限　/ 146

4. 挖掘社交天赋，让自己如鱼得水　/ 148

5. 真正的自信是一种睿智　/ 151

6. 把握机会，充分施展才华　/ 153

第八章　高贵，是有底气拒绝你不喜欢的一切　/ 157

莎士比亚曾经说过，一千个人心中会有一千个哈姆雷特，每个人对幸福也有着不同的理解。别人眼里好的，未必是适合你的，不要活在别人的意见里，勇敢拒绝你不喜欢的一切。

1. 用平静的心体会不平静的世界　/ 158

2. 精彩一生，不做他的"附属品"　/ 162

3. 你最大的错误就是忘记了你是女人　/ 164

4. 走自己的路，看自己的风景　/ 169

5. 左手是寂寞，右手是幸福　/ 171

6. 取得小小的成功时，送件礼物犒劳自己　/ 175

7. 每天为自己留一点闲暇时间　/ 178

第九章　理财就像基础保养，越早开始越好　/ 181

你是一个美女、才女还不够，想做一个高贵的现代女性，你还得是一个"财女"——高财商的女性。你不仅要懂得赚钱，还要懂得理财，学会投资，才能为自己创造一个安全美好的未来。

1. 要当女王，就非得有钱不可　/ 182

2. 识别和绕开商家设下的"陷阱"　/ 184

3.女人理财七大致命伤　/ 188

4. 一定要退出"月光俱乐部"　/ 191

5. 经济时代，女人不能放过机会　/ 194

6. 投资、养老、育儿，一个都不能少　/ 197

7. 不要太贫穷，否则会丢了女人的脸　/ 203

第十章　遇一良人，终此一生　/ 207

真正的幸福，不是寻找到最优秀的人相伴，而是找到最适合的人相随。真正的了解，不是看清他的人，而是懂得他的心。

1. 找到最合适的人相随　/ 208

2. 不要拿他恋爱时的模样与现在相比　/ 211

3. 爱情有时候也是一种义气　/ 214

4. 成为对方事业的"亲善大使"　/ 218

5. 不断地换位思考　/ 221

6. 爱与被爱都不如相爱　/ 223

7. 永远信任你的伴侣　/ 226

第一章

真正的大家风范，
就是先做好你自已

《女人的资本》一书中说：摩登女人过于肤浅，另类女人过于张扬，传统女人过于保守，普通女人过于小气，而有一种女人把"体面、适当"奉为一生的信仰，这就是"格调女人"。

1. 寻找独一无二的格调

南非前总统曼德拉曾说过："生命中最伟大的光辉不在于永不坠落，而是坠落后总能再度升起。"那些站在高处"指点江山、激扬文字"的人应该是那种有着自己鲜明的格调的人。

在女人的世界里，容貌似乎总能在事业上或者生活上助我们一臂之力，让我们取得更好的成绩或者过得更好，但我们为自己贴上"美丽标签"的同时，格调也是必不可少的营养。因为容貌只会陪我们走过一段时光，它早晚都会走下行路线，而格调却是一股内在的力量。

"格调"是什么？当代法国思想界的先锋人物、著名文学理论家和评论家罗兰·巴特说："有点钱，不要太多；有点权力，也不要太多；但要有大量的闲暇。读书，写作，和朋友们交往，喝酒（当然是葡萄酒），听音乐，旅行等等。"理想中的格调生活，可以一条条罗列出来，正走在"格调"的路上的人听了，怎能不亦步亦趋，跟着大师的脚印走呢？

于是，许多女性为了使自己保持"上流淑女"的风范，穿自己不喜欢的衣裳，吃自己不喜欢的大菜，看自己不喜欢的书，听自己不喜欢的音乐，去自己不喜欢去的地方。文学、音乐、品位、礼仪等，固然可以帮助我们提升生活的品质，可如果沉溺其中，反而会成为一种负累，使我们享受不到原汁原味的生活。女人最不可原谅的缺点就是枯燥乏味。从未接受过文明滋养的女人固然缺乏光彩，而按统一的模式培养出来的淑女，同样让人提不起精神。

比如说，很多人都说没有音乐的生活是难以想象的，有格调的女人应该爱交响乐，还应该喜欢一些浪漫的小夜曲和一些轻松的协奏曲。

其实，如果你真心爱音乐，那么你是幸福的，尽管享受属于你的感动与喜悦。如果你实在受不了音乐会的拘谨也无妨。

一代才女张爱玲有一篇文章叫《谈音乐》，可以帮助正追求"格调"的女人们开开窍。她说：

然而交响乐，因为编起来太复杂，作曲者必须经过艰苦的训练，以后往往就沉溺于训练之中，不能自拔。所以交响乐常有这个毛病：格律的成分过多。为什么隔一阵子就要来这么一套？乐队突然紧张起来，埋头咬牙，进入决战阶段，一鼓作气，再鼓三鼓，立志要把全场听众肃清铲除消灭。而观众只是顽强抵抗着，都是上等人，有高级的音乐修养，在无数的音乐会里坐过的。根据以往的经验，他们知道这音乐会是会完的。

我是中国人，喜欢喧哗吵闹，中国的锣鼓是不问情由，劈头劈脑打了下来的，再吵些我也能够忍受，但是交响乐的攻势是慢慢来的，需要不少的时间把大喇叭小喇叭钢琴凡哑林一一安排布置，四下里埋伏起来，此起彼应，这样有计划的阴谋我害怕。

张爱玲是出身名门望族，又曾在国外留学的才女，如此的身世学识却没有八股气，她只喜欢人间的、世俗的美，深知平凡生命的乐趣。所以"高雅的女人爱音乐"的大帽子压不倒谁，你喜欢什么，不喜欢什么，尽可以按自己的兴趣去选择。

事实上，越是那些对生活的本质和自己的位置还没有一种清晰的认识的小女子，越容易被"格调"所误，为了某一种"讲究"而劳心费力。真正的大家风范，其实就是先做好你自己。

　　俄罗斯前第一夫人柳德米拉一直保持着低调生活。她没有自己的形象设计师，这在其他国家是不可想象的。哪个国家的第一夫人没有自己的一个班子作为形象顾问？但柳德米拉就没有。她总是凭直觉来选择服饰，而不是通过咨询时装顾问来捕捉时尚。她几乎所有的衣服都是订制的，虽然有时她也购买成衣。

　　柳德米拉偏爱颜色亮丽、风格鲜明的服装。她说："每当触摸到一段衣料，我脑海中就会思考这样的问题——用它做什么式样的衣服比较适合？从领口到腰身，一切构思都在瞬间成熟。至于它是否与时下的流行相抵触，我一般不大理会。"

　　柳德米拉获取外界信息的主要途径是上网和看电视。她喜欢戏剧，但很少去剧院。她认为，现实生活同样充满戏剧性，蓄积着多种情感。

　　和丈夫普京一样，柳德米拉也喜欢音乐。她认为，音乐是生活的重要点缀。和总统不一样的是，她更喜欢俄罗斯流行音乐。老友聚会时，情之所至，她偶尔也会高歌一曲。她对音乐的喜好无章可循，只要旋律动听，就会饶有兴致地听下去，尤其是对一些经典的浪漫曲百听不厌。

　　高雅和低俗，主要在于一个人的心胸品格，而不在于任何一种姿态或者形式。

　　格调是一种智慧，我们要做发挥本色的格调女人，从容自信地处世。格调也是一种个性，是一种自我坚持，不去盲目克隆别人的美，因为格调是独一无二的。格调只能蕴藏在个体的差异之中，只有打造出一个全新的自我，才能拥有不同于一般女人的韵味，成为一个让人一见难忘的人。

2. 不为迎合他人而温柔，不为保持尊贵而矫情

每个女人都有自己的个性，正是因为这种个性而让女人在茫茫人海中脱颖而出。但是，面对社会的很多因素，一些女人放弃了自己的个性，而去追逐别人的特色，往往得不偿失。所以，女人要想在众人中成为焦点，就要保持本色，因为，这样起码你是和别人不一样的。

也许，是这个世界上有太多相同的东西，比如，同一款式的衣服，同一风格的珠宝，同一口味的奶酪等，以至于女人在生活中迷失了自己。失去了个性，气质也变得大同小异。或者是面对太多的选择，女人也会失去自己的主见。女人不管在什么时候，都要保持本色，坚持个性。

女人要活出真实的自己真的很重要，有时能赢得更多、更真实的爱。

谷雪是个很漂亮的女人，但是她不会打扮自己，经常从杂志上学一些很表面化的东西，很多时候穿在她身上并不是那么的好看。

不知从什么时候开始，大街上开始很流行混搭，于是谷雪也学着别人的样子，努力地做出混搭的范儿来。可是怎么也穿不出混搭的味道，让别人感觉不伦不类的。一次，她的一个卖服装的朋友告诉她，可以穿一些适合自己风格的衣服，有一点自己的意见。

谷雪经过几次的尝试之后，终于发现了适合自己的风格。之后，她再也没有学过别人，一直坚持自己的特色，她也变得越来越美丽了。

生活中，不管是美丽的还是平凡的，是内向的还是外向的，女人

都应该保持本色。不要因为别人的看法和行为刻意地改变自己。其实，保持自己的做人原则和处事风格，那就是一种独特的美。

美国一位富翁请家乡的老友到很豪华的酒店进餐，那个老友怕自己的表现不够优雅而丢了面子，于是什么事情都按照富翁的样子做。当咖啡送来后，富翁将咖啡倒入一个小碟子中，那个老友也照做了，富翁加糖他也照着做，而最后富翁却把碟子放在地上用来喂猫，那位老友当时尴尬极了。

所以，不管什么时候，不管什么情况，女人都要保持本色才是最美的，女人的美丽在于独特的个性。而现实中，每个人都有自己的个性。就好像平时买饮料一样，有的女人买矿泉水，有的女人买可乐，有的女人买红茶……女人的个性是外表和特点的总和，这就是和别人不一样的地方。女人穿衣服的风格、处事的方法、交际的方式，这一切都可以构成你的个性。而这其中，最重要的一环是要保持本色。

刺刺是个从小就敏感而腼腆的人，她一直都很胖，脸也长得很一般。很小的时候母亲就给她穿很肥大的衣服，以至于后来，她已经觉得穿肥大的衣服对于她来说是天经地义的事情。

结婚的时候，在选婚纱时，她选了一款最大号的。她的丈夫很吃惊，于是就问她："那件白色带着花边的婚纱看起来很漂亮，你为什么要买这个很宽大的婚纱呢？"

刺刺低着头说："这样我就不会把衣服撑破了啊，而且也看不到我的赘肉。"

丈夫觉得刺刺说的话很奇怪："这是谁说的？"

"我妈从小和我说的啊。"

丈夫叹了口气，把那件婚纱拿给她，并让她自己去试，当刺刺从试衣间出来的时候，没有人想到那个胖胖的刺刺，也可以这么漂亮。

之后，剌剌就再也没有穿过很肥大的衣服了。

女人因为不同于他人的个性而美丽，也因为保持本色而出众。比如，英格丽·褒曼、奥黛丽·赫本、玛丽莲·梦露、费雯丽、索菲亚·罗兰等都是非常有气质魅力的女人，而她们就是因为在生活的洪流中坚持了自我的本色，不同于他人的迷人个性散发出与众不同魅力和气质。因此，女人要懂得保持本色从而彰显自己的个性，来为自己的气质加分。

"万绿丛中一点红"，真正坚持自己的人才是与众不同的。这个世界上没有两片相同的树叶，更没有两个相同的人，就算是双胞胎在个性上也有差异。如果女人只会刻意地效仿别人，而没有自己的见解，就会很容易失去自己。所以，女人只有保持本色，展现自己的个性，才是最有气质的。

能够真实地活，本来就是一种幸福，因为遮掩真实是痛苦的，而真实能让别人更清楚地看到我们自己。唯有真实才真正属于自己，唯有真实才能换来别人的信任。

我们或许表现得很傻，或许变得很懦弱，也或许有些自私，但不论怎样，我们都不是做作的女人。

我们在不同的环境下有不同的表现，在不同的场合讲不同的语言，有时施展自己的矜持，有时暴露自己的肆无忌惮。我们懂得大胆而自信地说出心里想说的话，做自己想做的事，而且所有的动作都绝对不是刻意模仿，我们从不在举止和言谈上刻意修饰，不装淑女，不为迎合他人而温柔，不为保持尊贵而矫情。

我们遇到不如意的事，是一定要发泄出来的，没必要收敛自己的真实，没必要让自己在不真实中活得太累，尽管去做自己，不要在意别人如何看待我们，因为真实的自己最容易让人接受，也最容易让人心生疼惜。

3. 给自己一点点 "自恋"

女人爱美，目光总是追随着美好的事物，若是将这份欣赏美的态度置于自己身上，那必然会活出一份自信和洒脱。怕就怕，你只关注别人拥有自己无法企及的美好，把自己的价值压得低低的，在心里种下自卑的种子。

站在烦恼里仰望生活的女人，永远与幸福绝缘。消极和自卑如同一张巨大的网，笼罩了生活里的每一个角落，促发心理暗示，抑制自身的信心，限制内在的潜能，加深自卑的凝结，导致恶性循环。女人看着不满意的自己、不满意的生活，免不了一声叹息。

罗丹曾说过，生活中并不缺少美，而是缺少发现美的眼睛。自卑的女人，并非真的一无是处，只是她们尚未把目光投射在自身的优势与能力上。而那些有所成就、充满魅力的女人，通常都有一点点 "自恋"，无论是在人前还是人后，她们都会适度地自我欣赏，自我陶醉。这样的女人是愉悦的，是幸福的。她们充分享受自信带来的阳光，用外在的装扮和内在的丰盈，给自己注入无限的美丽。这种美，经得起时光的雕琢和岁月的打磨，美得让人心悦诚服。

生活像一杯开水，你注入自信，它就变成了高贵的葡萄酒；你注入自卑，它就变得浑浊。不要对别人的自恋嗤之以鼻，殊不知，相较自卑而言，自恋有时也是一种增加幸福度的方式。特别是女人，更要懂得发现自己的美，正确地认识自己，理智地总结归纳，提高对自己的评价。

英国大提琴家杰奎琳·杜普蕾，非常欣赏自己的音乐和人格，她的自信在音乐里飘扬，她不会为了任何人而改变，也不会因为世俗的眼光而有所动摇，更不因为外界的妄加揣测而改变自己的信念。像杜普蕾那样活得精彩绝伦，生命和美丽自然会不朽。纵使岁月荏苒，光阴不在，她也能够给自己一片天空，留给人们无尽的怀念与惊叹。

　　安娜曾是一所名牌大学计算机专业的学生，毕业后在一家私营的小公司里做了一名文件管理员，拿着微薄的薪资。其实，她并不甘心一直如此，只是迫于生活的压力，才让自己暂时降低了标准。一年之后，她有了一定的物质保障，也有了些许的工作经验，便离开那家公司，开始寻觅自己中意的工作。

　　可她心里并不太自信，每次与人谈到自己的工作经历时，她的眼神飘忽不定，与人说话的声音十分微弱，担心别人嘲笑自己矮小的个子，微胖的身材，给人第一印象极差。纵然她有一身的才华和能力，却也没能得到展示的机会。自卑深深扎根在她心里，她知道这样不好，只是没有勇气去克服。看着周围的朋友有所长进，安娜心里既羡慕又烦恼，暗自伤神。

　　在一次面试的实操环节，考官安排应聘者做同一项资料的整理工作。安娜在接过考官递来的资料时，并未敢与对方四目相对。考核的结果是，她的工作能力得到了考官的认可。当时，考官语重心长地对安娜说了这样一番话："从面试之初，我就留意到你是个有心的女孩。这次的实操考核，文件很烦琐，你归纳得有条有理，且做了详细的分析。对于你的工作能力，我确实很欣赏，如果你能再自信一点，那就更好了。希望在以后的工作里，能看到你的蜕变和进步。加油吧！"

　　向来自卑怯懦的安娜，顿时感觉身体里的血液沸腾。她没想到，自己竟然真的脱颖而出，被心仪的公司录用了。其实，她的工作能力一直都不差，只是因为外貌的原因太过于自卑了。她决定，要换一种方式来生活。

此后的她，每天早起都会对着镜子露出一抹微笑，对自己说："你不差，你很棒！"在工作中遇到问题，她不再退缩，不怕被同事嘲笑，大大方方地向人请教，这让她进步飞快。一旦公司有什么大型的活动，她都会主动报名参加，为的是练习自己的胆量和勇气。

两年之后，安娜已经脱胎换骨，成了一位干练而优秀的职场达人。她再也不会在任何人面前羞怯地低着头，也不再躲避任何人的目光，她那么坦然，那么自信，让人不禁开始欣赏她独特的魅力。当有人问及她的"成功"秘诀，安娜笑笑说："接纳自己，欣赏自己，将所有的自卑全都抛到九霄云外。这就是我的'秘密'！"

金无足赤，人无完人。女人不是因为美貌而可爱，而是因为可爱而美丽。如果你因为自己脸上有瑕疵而不敢露出灿烂的微笑，如果你因为手指不够修长而不肯与别人真诚地握手，如果你因为身材不佳而不敢翩翩起舞，那么你就会错过鲜花和掌声。阳光从来都在，只是你一直背对着它，才会总是看到阴影。内心充满了自信，不完美的生活也会闪闪发光。

每个女人都有权利彰显自己的美丽，甚至可以有一点点自恋，那是在为自己制造美好的氛围，让自己拨开乌云欣赏自己的美，塑造一种与众不同的态度。自恋的小情绪，也是一个自我鼓励的加油站，让女人对自己充满希望，走出狭小的视野，告别自怨自艾。

当你感叹外表平凡时，请记得为自己营造一份快乐的心情，修炼一份丰盈的内在，在举手投足间绽放从容优雅的姿态，在言谈之中显露内在丰富的魅力人格，让自己独特的气质和睿智的思想在那些漂亮女人中间熠熠生辉。这种不断进取、不断完善的行为以及欣赏自我的姿态，是对生活的热爱，对美好的向往，对幸福的追求。

请记住：风景不只是远处的好，美丽也不总是属于别人的。女人一定要找到自己的闪光点，走出自己的一条美丽之路，领略自己的独特风景，活出轻松和自在，不被外界迷惑，不被自己打败。只有懂得欣赏自我的女人，才能得到上帝的眷顾。

4. 在安静中，不慌不忙地坚强

香港著名心理治疗师素黑说："每个人在世界上都是孤独的，不管是男人还是女人，只有自己了解自己的内心，用自己的力量使自己完整，才能获得自我的愉悦和两性关系的愉悦。"

作为一个女人，为人女、为人友、为人妻、为人母，每一个角色都不轻松。女人这一生都在追寻幸福，而在女人追求幸福的过程中，无论处于人生的哪一阶段，都可能遇到一些波折和困扰。尤其是一旦遇到感情问题，很多女人就会变得退缩，甚至溃不成军，拥有强大的内心对于女人来说相当重要。可以这样说，支撑女人走过一生的就是强大的内心。

常常都是这样，同样的事发生在不同的人身上，影响和结果是不一样的。有的人反应剧烈，伤人又伤己；有的人三思而后行，心平气和，结局圆满。

有多少女人在遇事后，会先深呼吸，控制住自己，驾驭自己需要一种强大的内心力量。

世上有千千万万女人，有千千万万种幸福。没有坚强的支撑，幸福是不会长久的。因为她们是少了内心强大的人，她们或是唯唯诺诺，没有自我，或是哀哀怨怨，陷在一件可小可大的事里，挣扎在一段越理越乱的感情里不能自拔，一生没有活个明白。

其实生活是一座熔炉，而真金是不怕火炼的。女人外表可以柔弱，但是内心却要强大，即使不强大，也要把自己炼出坚强的品质。只有把内心炼得像钻石一般的坚硬，才经得起困难的打磨。同时，还要让自己像流水一样的柔，才能抵挡世俗的腐蚀。

其实，一个真正懂得生活的女人是不会把自己的生活看作是炼狱的，她们懂得享受生活所带来的痛苦和欢乐。她们知道虽然生活并不尽如人意，但是生活本身就是一段历程，懂得去享受痛苦时的刻骨铭心，欢乐时的自由欢畅，因为那才是生活的本来色彩。

一位作家曾写道：“幸福是一种角度，从这边看是痛苦，换一边看未尝不是幸福。被刺到手时，你的幸福是因为它没有刺到眼睛。”不要奢望世界为我们而变，我们可以改变自己的态度。改变了自己，也就改变了一切。

生活中的不如意就是这样的，常常会不期而至：失恋、离婚、失业、疾病、丧失亲人……所罗门说：“人有疾病，心能忍耐，也可承担；精神若已崩溃，一切就会成空。”不幸来临，有的女人心灰意冷，自暴自弃，让美丽在岁月蹉跎中枯萎；另一种女人则是直面生活，心在梦在，让精神的美丽永远摇曳在不屈的抗争里。

一位记者准备到一位生活在贫困线以下的女工家里“送温暖”。他打开这位女工的详细资料：丈夫早几年病逝，欠下了好多钱，两个破房间，两个孩子有一个是残疾。女工靠微薄的薪水养三个人，还要还债。

“她家里该成什么样子呢？女人和孩子蓬头垢面，一脸悲苦，蜷缩在又黑又潮的小平房里，屋里屋外没有一点儿鲜活的生活色彩。看到他的到来，母子三人哭哭啼啼地诉说着自己的不幸。"他想象一定是这样一副情景。

第二天，这位记者怀着深深的同情，按地址找到了那个地方。但他惊讶了，他怀疑自己是不是找错了地方，以至于又向人核实了一遍。

他看见女人脸上的笑容就像她的房间一样明朗，漂亮的门帘是用纸做的，灶间的调味品虽然只有油盐两种，但油瓶和盐罐却擦得干干净净。女工递给他的拖鞋，鞋底竟是用旧解放鞋的鞋底做的，再用旧毛线绣上带有美丽图案的鞋帮，穿着好看又暖和。女工说，家里的冰箱、洗衣机是邻居淘汰下来送给她的，用得蛮好。孩子很懂事，做完功课还帮忙干活……

这位女工是一位值得所有人学习的强者，强者就是如果别人能将你的财产、你的丈夫……你身外的种种都带走，还不足以证明你是个弱者。如果谁也拿不走你的幸福、你的自信、你内心的宁静，那么，你已经强大到不可征服。

对于乐观自信的女人来说，即使再漆黑的夜晚，也能看到星星仍在闪烁；即使乌云再密，仍然坚信太阳不久就会照耀头顶。她坦然地接纳生活中一切不幸的遭遇，微笑的态度犹如在接受一种财富。她没有抱怨，没有忧伤，反而感到光明、幸福。她对记者诉说着太多的高兴事，那眼睛里流露出无限光彩，那种欢快折射出的美丽，使整个世界都溢彩流光、灿烂无比！

其实，生活中很多事情真的降临到你头上，不管你愿不愿意接受，它都会来，这就要看你怎样对待它了。真正强大的内心，是女人最有力的防护。现实世界中，没有什么稳定与不稳定，当然也不存在永恒，自己的心稳定、强大才是最安全的。真正的安全感是自己给自己的，不能依赖于任何人。

内心的力量是女人的软实力，在人生的风浪中，我们应该学会修练内功——内心的力量。面对当今越来越复杂、越来越纷乱的社会，在背负巨大心理压力的同时，我们还会经常碰到各种各样的困难和挫折，如失业下岗、家庭变故、婚姻失败、学业不顺、经济困难等诸多问题。当这一切突如其来的困难无法解决时，一切取决于内心是否强大。

是的，每个人的一生都会遇到诸多的不顺心，秉性柔弱的女人在遇到困境时，看不到前途的光明，抱怨天地的不公平，甚至破罐子破摔，在精神上倒下。而秉性坚忍的女人在遇到困境时，能够泰然处之，认定活着就是一种幸福，无论是顺境还是逆境，都一样从容安静，积极寻找生活的快乐，不浪费生活的一分一秒，于黑暗之中向往光明，在精神上永远不倒。

"温柔要有，但不是妥协，我们要在安静中，不慌不忙地坚强。"温柔有度，而刚强则是不可逾越的底线。

5. 梦想和爱情一样值得浇灌

梦想无论怎么模糊，它总是"潜伏"在我们心底，使我们的心境永远得不到宁静，直到梦想成为现实。梦想从不抛弃苦心追求的人，只要不停止追求，就会沐浴在梦想的光辉之中，创造精彩的人生。梦想虽然不足以使我们到达远方，但是达到远方的人一定有梦想。

女人都应该有梦想，它是一种心灵的东西，也是生命的一种释放形式，它有着直观而天然的特性，不会被教化和灌输，它是纯粹的、感性的。如果你希望做一个幸福的女人，有自己精彩的人生，无论何时回忆自己的过去都觉得充满意义，那就不要放弃自己的梦想。

所有非凡的女人背景各异，但她们都源于勇敢追梦。当她鼓起勇气为梦想踏出第一步的时候，生命已经不再一样；当她在生命中放飞梦想的风筝时，她的心就已接近蓝天的高远。

梦想是女人成功的第一步。

任何人不能缺少梦想，女人尤其如此，因为有梦想的女人，对生活和未来充满信心，充满激情。有梦想的女人，是自信的人，她相信自己的能力，对朋友和同事都有着超强的感染力和凝聚力。有梦想的女人，可以使自己在成长中由弱小变得强大。由此，完全可以说，如果她心中有梦想，她一定是最美丽的女人。

有人说，正因为舞台小，才有了更大的发挥空间。舞台可以很小，但是有了梦想，舞台外面的空间就会变得很大很美。梦想让发展的空间变得无限广袤，这种广袤与美丽在张璨的身上就得到了很好的印证。

大学毕业的那天，同学们都兴奋不已，只有张璨高兴不起来。张璨羡慕地看着同学们谈论着他们未来的工作和远景，同时心里又在翻滚着："我没有被分配到好工作，今后的路该怎么走？"

思索良久，张璨最终决定："我自己去闯荡，我要让我的生活充满活力和希望，实现更多的梦想。"

于是，张璨开始一个人到中关村闯荡事业。

刚开始，张璨的工作没有着落，但是她经常激励自己说："没有工作也许会更有前途，因为面对的机会更多，只要有梦想，一切都会成为可能。"

就是在这样的心态下，张璨开始了她的创业生涯。

创业的艰难对于成功者来说是相似的。从中关村一间小房屋开始，到经营一个部门，再到开创电脑贸易公司，其间的艰辛我们不必去详加叙述，相信很多人都能想到。往事已去，不再回首，总之张璨经过自己的努力，终于掘到了属于自己的第一桶金。

正如张璨所说，她真正的第一桶金应该说是做电脑。在当时，做电脑贸易在中关村还没有品牌的概念。她把电脑贸易公司取名为"达因"。

然而，张璨并没有满足于那点成就。由于张璨聪明、机敏而又踏实苦干，她的公司后来成了美国康柏电脑的代理商。1995年，达因又进军房地产市场。1996年，达因集团显示器生产厂建成，每年出口达1亿美元，内销两三亿人民币。

谁也料不到"达因"拥有这种聚沙成塔，集腋成裘的力量。如今，达因公司已经成为拥有几十家分公司、净资产上亿美元的大型集团公司。

同时，张璨在创业的路上，还开餐厅、搞房地产，可以说，她既经历了各种艰辛，也承受着失败的痛苦。1994年，公司成为康柏公司亚洲地区最大的代理商。现在她正统领着一个在信息技术、生物与健康和房地产等三大领域进行投资与经营的大型民营高科技企业。

面对这些成就，张璨从来没有直接谈自己是怎样成功的，她把这一切都归于自己所拥有的梦想。为了梦想，她学会了追求和奋斗，学会了她父亲时常告诫她的自律。她坚持每天7点起床，人是有惰性的，有时候张璨累得就想好好地在床上多躺一会儿，但是，只要她一想到自己的梦想，一想到要为梦想努力奋斗，张璨就会毅然地起床，开始新一天的历程。

张璨要让自己的生活变得丰富多彩，要把自己的梦想都变成现实。然而，张璨知道，梦想不是一朝一夕就能实现的，也不是永远都停止不动的。梦想也可能会破灭，梦想也可以变成一抹刹那间消失的泡沫。

张璨说，直到今天她也不敢说自己是一个成功的企业家，她知道在理论和管理实践上还需要不断地学习。因为她懂得，作为人生来讲，成功只是一段，而成长是一辈子的事。成功只是梦想的一个小部分，而成长则是人生永恒不停的步伐与追求。要让自己的生活变得充实、精彩，就得靠不断地学习，并在不断成长中实现更多的梦想和希望。

女人要用梦想之光深深触动心底，让它照亮你的一生，它将激发你的欲望，去活出梦想并追寻你的喜悦，成就有影响力的自己。

没有梦想的人生是乏味的，所以无论成功或是失败，女人都应该去追逐梦想。这个追逐梦想的过程，会让女人一生没有遗憾，更会为女人带来丰富的生活，也能让女人在追梦的征程上走得更远。只要有梦想，人人皆可升华，终有一天你会破茧而出，冲破现实的局限，飞抵梦想成真的美丽新世界。

梦想值得女人珍惜，它和爱情一样，一旦用心浇灌，就可以带给女人幸福愉悦的体验。不管你的梦想是成为一个事业型女人，在某个领域做一朵铿锵玫瑰，还是惬意地在自己的小小世界里书写美好的童话故事，只要你能坚持不懈地追求这个梦想，它都会给你带来丰厚的回报！

6. 追求梦想，从认识自我开始

当女人还是女孩时，就已经开始了这样的生活：上父母为自己选择的兴趣班，读父母为自己挑选的专业。当她们长大后，按照父母的意愿找工作、挑男朋友，甚至连举办婚礼的方式都要父母来做主。

如果问她们为什么不按自己的想法去生活时，多半会得到这样的回答："父母希望我是这样的，否则的话他们会不高兴。"

真是个听话懂事的乖乖女，可是这样的生活能够让你感到真正的快乐吗？能够使你感到满足吗？能够抑制住你的想法及爱好吗？能够使你心甘情愿地终此一生吗？

面对这些直触心底的问题，恐怕很多女人都不能理直气壮地回答"能"。

潇潇是个众人眼中的天之骄女，她自小就才华横溢，不但学习成绩名列前茅，而且还弹得一手好钢琴。大学毕业后，她考上了国家公务员，进入了税务局工作。这是多么值得人们羡慕的事情啊。后来她和一位富家公子恋爱了。

想想看，一个才20多岁的女人，拥有人人羡慕的"铁饭碗"，和白马王子出双入对，这简直是天堂般的生活，多么令人羡慕啊！可是突然有一天，发生了一个爆炸性的事件：潇潇自杀了！

万幸的是，潇潇没有死，被医生救活了。当朋友们听说这件事后，谁也不敢相信自己的耳朵。这样一个被光环包围着的女人怎么会自杀呢？

就在潇潇还躺在病床上没有清醒过来的时候，她的父母一边哭着一边读了她的遗书和她从小到大写的日记。

潇潇的遗书是这样写的：

"也许在别人眼中我是一个成功的、幸福的女人，但我却从未感到过快乐，哪怕仅是一天的快乐。在别人面前，我漂亮、自信、果断、成熟，可有谁知道我其实很孤独、很无助、很茫然……男朋友和我分手了，理由是性格不合。他说我太没有主见，什么事都听他的，他不喜欢这样的女人。

"是的，我的确是这样的。从小到大，我都活在父母的要求中，他们想要我做什么我就做什么。长大后，我仍然按照他们的期望选择自己的工作和恋人。面对心爱的男朋友，我仍然习惯事事征求他的意见……如果要我给自己的一生写句评语，我想只能写：'别人想要的我都有，可我想要的却一样都没有。'是的，我就是这样一个人，永远活在别人的期望中，没做过一天自己。"

而在潇潇的日记中，父母看到了这样几篇：

"某月某日　艳阳天

真令人沮丧！学校开展兴趣辅导班，我兴冲冲地报了图画班，没想到爸妈不同意，还背着我去学校帮我改成了钢琴班。他们说学画画有什么好，钢琴才能陶冶情操。可我只喜欢画画，我想将来当一名设计师。唉，别想那个了，他们不会同意的。我又没能争取到自己想要做的事情，真是一点意思也没有！"

"某月某日　小雨

今天是高考填志愿的日子，又和爸妈大吵了一架。我想报考美术系，可是他们一定要我学会计或金融，说那样才有前途，学个破美术将来能干什么？没准要流落街头给人画像。算了，让他们去填吧，我不争了。十几年来一直是这样，我永远只能做他们期望的事。"

"某月某日　多云

今天本来是很高兴的一天，有一家设计公司肯让我去做设计助理，虽然我学的不是相关专业，但总算离自己的梦想近了一步。可是爸爸知道后生气地拍桌子，他说我没有上进心，还说如果我去上班就再也不要进家门一步。我早该知道会有这样的结果，我真傻，竟然以为能够按照自己的想法发展！"

"某月某日　晴

今天爸妈很开心，因为我考上了国家公务员，顺利地进入省里的税务局工作。这对于千军万马过独木桥的'国考大军'来说，是多么令人羡慕的事情。爸爸得意地说要不是当初他执意要我考国考，根本不会有这样的成就。我真的应该高兴，可真的高兴不起来，这是我想要的吗?"

"某月某日 多云转阴

男朋友要和我分手，说性格不合，他更喜欢有主见、比较独立的女人。从小到大我都是活在别人的希望中，以为这样就是个顺从听话的好孩子，可是现在却因为这样被男朋友抛弃，我感到很可笑也很荒谬，世界仿佛一下子被黑暗笼罩，我不知道怎么才算独立，更不知道怎么过以后的日子。生活真是没意思……"

当看完潇潇的遗书和日记后，父母悔恨不已，他们万万没想到自己的期望会给女儿带来这样大的伤害。

当潇潇苏醒后，父母老泪纵横地拉着女儿的手说："孩子，我们错了。从现在开始，你去做你想做的事，成为你想成为的人。"

躺在病床上的潇潇虽然还很虚弱，但脸上却露出了释然的笑容。

从此，世界上却多了一个找到自我的快乐女人。

虽然大部分女人都不会像潇潇一样有这样过激的举动，但却都像她一样或多或少地活在他人的期望中。当他人的期望与自己的理想有所冲突时，很多女人都会选择放弃后者，成全前者。

也许你会说："我希望让别人高兴，不想让他们对我不认同或失望。这样做有什么不对吗？如果我只为了自己而活，那岂不是太自私了?"

让别人感到高兴或满意是一种很高尚的想法，的确没错，但绝不能丧失原则。这个原则就是自我!

当你抛弃自我一味地去满足别人时，就会使人生迷失方向，内心也不会快乐。长此以往，你会变得压抑、迷茫与暴躁，总有一天会找到突破点爆发出来，就好像前面故事中提到的潇潇那样，失恋并不是导致她自杀的直接原因，只不过是一个情绪爆发的触点。当长期迷失自我的压抑有了这样一个触点时，就会导致人的心理崩溃，做出一些极端的事。

试想一下，到了那个时候，你周围的人还会感到快乐和满意吗？他们只会更加痛心。

聪明又善良的女人，你可以为别人的期望而努力，让别人感到满意，但千万不能受制于别人的期望，尤其是当自己的理想和别人的想法南辕北辙时，更要冷静地思考，全面分析自己，不要让别人的大脑代替自己的大脑。只有这样你才不会在总结自己的一生时惊呼：天哪，我这一生的光阴都是在寻求他人期望的成功！

杨澜曾说过："从20岁到30岁，也许你试过了很多不同的选择，究竟哪个最适合自己？通过过去10年的回顾，开始真正地了解自己、知道自己的风格，不要再去模仿别人，有信心依照自己的风格处事。"

是的，不要模仿别人，不要因为别人而改变自己的想法，这是所有幸福的女人都该具备的素质。然而，生活中大部分女人却并非如此，对她们来说"走别人的路容易，走自己的路难"，她们总是人云亦云，甚至毫无主见，明明已经选择了属于自己的"方向"，却常常因为他人的几句话而改变，最终成为一个"复制品"。

这种女人，常常被他人的意见所左右，缺乏主见。这其实是一种心理缺失，在心理学中叫做"他人意志"效应，什么意思呢？就是说，一个人在心里已经决定做一件事或是对一件事情已经有了一个较为清楚的认同后，当他身边的朋友超过半数都和他意见相左时，他便会改变自己的想法，甚至是行为。但事实上，他们原来的看法才是正确的。由此我们不难看出，坚持自我也是很重要的。

女人一面大气凛然地说要做自己，一面又对他人的看法耿耿于怀，最终结果是离真正的幸福越来越远，甚至成为大众认知下的"复制品"，完全没有了自己的特点。

事实上，如果你渴望成为一个高贵的女人，那么，你就必须从自我认知做起，用自己的眼光来欣赏自己，走自己的路，只有清楚地认识自己后，你才能知道自己需要什么，什么才能给你带来幸福。人云亦云的幸福不会让你快乐，因为，真正的幸福从来不在他人的嘴里，而是在你自己的心中！

7. 从你的童话世界里走出来

女人都喜欢看童话，因为那里是梦的所在。在童话的世界里，女人都可以成为自己想象中的公主，拥有举世无双的美貌，每时每刻都被令人心醉的浪漫包围：住在奢华的宫殿中，踏着彩霞般绚烂的地毯；天上的鸟儿是她的朋友，地上的小动物是她的伙伴；生下来就拥有享用不尽的财富，所有人都听她的差遣；被各式各样的男人追求，从高贵富有的王子到落魄却充满艺术气息的流浪者……

这种生活真是美好，女人都希望这是真实存在的。然而现实就是现实，大多数女人既不是生长在皇家的公主，也没有绝代风华。

童话世界和现实的极大反差让女人感到无奈和失落，于是便躲进自己的想象中不肯出来，以为这样能忘却痛苦，心情舒畅。

有些女人将童话世界当作暂时的避风港，稍稍休息后便回到现实中来，重整旗鼓，继续奋斗，这是很正常的；然而有些女人却对现实生活很惧怕或很厌倦，终日活在自己编织的童话世界中不愿走出来，对现实中的困难与挑战左躲右闪，不去承担责任，也不努力完善自己。

这样的女人可能会躲过一时的压力，从想象中获得满足，但并不能得到真正的快乐。因为人都要活在现实世界中，必须面对一些事情，这是避无可避的。一旦被逼着面对现实，她们就会发觉自己的无力，并感到痛苦，继而再次逃回想象中的童话世界。

这是一种恶性循环，女人会离真实的自己越来越远，无法应对现实中出现的各种问题，而越是逃避，问题就积累得越多，让她们饱受折磨，痛苦不堪。

也许有些女人要说："我也不想这样，可是我真的不知道什么叫做迷失自己，有些虚幻，很难理解也很难把握。"

其实这并不虚幻，不要把它想得过分复杂，迷失自己是有迹可循的。让我们来看一看迷失自己时都有哪些表现：

（1）不知道自己要干什么

"我要找个什么样的男朋友呢？是爱我的，还是我爱的？"

"我要选择哪种职业呢？是薪水多的，还是稳定的？"

"真讨厌现在的工作环境，可又没有跳槽的愿望，好像做什么都提不起兴趣。"

"周围和我同岁的朋友都结婚了，我要不要也赶快找个男友结婚呢？"

"我想要挣大钱，我想要出国进修，我想要找个好男人嫁了，我想要开家小店……我想要很多很多，可是究竟该做什么呢？"

……

有些女人经常是想法很多行动很少，因为根本不知道自己究竟想要干什么。这就是没有目标，仿佛走在漆黑的夜里，又想往东走又想往西走，过了半天仍然在原地打转。

当你在很长一段时间内都不知道自己要干什么时，就是迷失了自己。

（2）不知道自己处在何种位置

有些女人由于受生活环境、自身性格或是对社会的认识等因素影响，不能正确地判断自己的位置。

王茜大学毕业后满怀希望地踏入社会，希望找到一份理想的工作。在她看来，自己学的是热门的国际贸易专业，应该很好找工作，可是她一连去了好几家大公司面试都遭到拒绝。

朋友劝她先从小公司做起，积累一些工作经验后再去大公司。可是王茜听了后却把头摇得像拨浪鼓一样："去小公司？那怎么行！我爸妈都是领导级别的，如果我在小公司做事，会让他们在朋友面前没面子的！再说我哪儿也不差，凭什么不能进大公司？"

抱着这样的想法，王茜继续一家家地找工作，可是两三个月过去了，仍然一无所获。她很迷茫，不知道希望在哪里，更不知道该如何给自己定位。

当你不知道如何给自己一个准确的定位时，就是迷失了自己。有一些女人就是如此，她们认为机会很多，总是挑三拣四，眼高手低，不愿意踏踏实实地工作，每当看到别人生活得很好时，就想效仿，照章行事，根本就不考虑自己到底处在何种位置，能做哪些事情。

女人应切记，找准自己的位置更容易获得成功。

（3）不知道自己有什么

"你是一个怎样的人？优点是什么？缺点是什么？什么样的性格在你身上占主导地位呢？"

如果面对这样的问题你无法回答，就说明你已经迷失了自己。

每个女人都应该清楚地认识到自己的优势、劣势、知识、技能、爱好、身体状况以及自身性格等，这会让你对自己有个准确的评估，既不过高也不过低，更能明白你在何种情况下才能有最佳的表现，从而发掘潜力，做最好的自己。

(4) 长期保持在一种状态下停滞不前

当我们还是小女孩时就常听到这样的话："要好好努力，争取不断进步!"

"不断进步"是长辈的谆谆教诲与殷切期望，也是我们一路成长中对人生应有的一种积极态度。但有时你也许会感到自己无法进步了，总是停留在原地不再向前。这时就要引起注意了，你很可能迷失了自己。

孙晶是个非常优秀的女孩，从小就是班里的尖子生，工作后也是公司的优秀员工。她对自己的状况很满意，认为人生从此就这样一帆风顺地走下去。

然而工作了两三年后，孙晶却有些郁闷，因为她的表现逊色了很多，再不是公司业绩最好的，很多同事甚至是新来的同事都超过了她。她做起事来总是有些吃力，想法也没什么新意，总是墨守成规地做事。老板对她的表扬次数也越来越少。

起初孙晶以为是压力太大，太过劳累，于是提出休年假，想要调整一下，可是休假过后，她再次踏上工作岗位却依然无法恢复到最初的工作状态。

孙晶感到很迷茫也很苦恼，不知道为什么会这样。于是她把满腔的苦水向父亲倾诉，希望得到帮助。

父亲听了后语重心长地对她说："你曾经是很优秀，但这些年来你一直在'吃老本'啊!你总是在用以前学到的东西应对工作，而不注意学习新东西，当然会有坐吃山空的一天。曾经的优秀并不代表一辈子的优秀，你现在可不是以前的你了啊!"

父亲简单的一番话给了孙晶当头棒喝，她一下子明白了，原来自己只记得曾经的优秀，而忘记了审视现在的自己。

从那天起，孙晶不断地学习新知识，有意识地去创新。经过一段时间的努力，她果真有了很大的进步，又成为了公司的优秀员工。

每个人都很容易在不知不觉间迷失自我，以为自己仍然是原来的样子，而事实上，人是在不断变化的，可能变得更好，也可能变得更坏，即使原地不动，也是相对的退步。如果你感到很长一段时间都停滞不前，就要引起足够的重视。

喜欢活在童话世界里的女人们，快醒一醒吧，看看自己有没有这些表现，如果你恰好正为这些感到茫然，赶快重新审视自己，找到新的自己！

第二章

愿你有高跟鞋也有跑鞋，
喝茶也喝酒

翻开你的衣柜、鞋柜、首饰盒，有多少衣服、鞋子、饰品买了之后却很少甚至从来没有穿过戴过？尽管如此，对于热衷于打扮的人来说，衣柜永远都缺那么几件东西——"得不到的永远在骚动"。

1. 追求的不是数量，而是品位和质量

眼下正在流行这样的风潮：少买一点，理性一点，但凡下手的一定要是精品——当然，精品并不一定是由价签上"0"的个数来决定的。随着"快时尚"——为了某种原因或者某个场合穿着一次而购买，之后便再无用武之地的——一代消费者长大并成熟，追求数量和一时流行的观念也逐渐被追求质量和更经典的品位取而代之。

英国一名叫哈曼的女孩可以称得上是不折不扣的购物狂。近日她向媒体展示了自己惊人的"战果"——衣服和鞋子占据了4间卧室！

哈曼现年25岁，家住英格兰艾塞克斯郡，目前从事法律秘书的工作。据她介绍，她每天平均要花3个小时逛街扫货，目前已经为添置新款时装花费了超过5万英镑（约合51万人民币）。由于沉溺于购物无法自拔，她的父母不得不腾出4间卧室用于放置哈曼的衣服鞋子，其中竟然有整整4个衣橱的衣服从来没有穿过。为了购物，哈曼还办理了大量银行卡和信用卡。

哈曼的男友因为受不了她的疯狂举动而同她分手，但哈曼却表示，她不打算遏制自己的消费欲望，未来想找一个和自己一样热爱购物的男人。

购物是女人的天性，为什么哈曼不停地购物，为什么面对很多没有穿过的衣服还要不停地购买？是因为无休无止的攀比心理在作祟吗？也许，更多的是女人内心的欲望得不到满足。

沈燕是在祖父举行丧礼的那一天买下这件衣服的。在悲伤的场合中，聚集了许多亲戚，但是不知道为什么却没有人来跟她说话，让她感觉到一种无法言说的疏离感。

因此，在那个场合中待不下去的沈燕，就趁着丧礼的空档，不知不觉地走进了附近的购物中心。当她一个人闲逛的时候，在一家专柜处，有位店员主动与她搭话。

那时，沈燕感到非常开心，也就对于店员的推销术失去了抵抗力，当场买下了这件高达3000元的长款上衣。

之后沈燕每当看到这件衣服，总是会想："当时为什么会买呢？真搞不懂。"既不是自己喜欢的样式，怎么看也都不适合自己，却花了3000元买下，到底是为了什么呢？

在听了讲座后，沈燕察觉到："原来是因为当时我很寂寞啊。"当她受到周遭的冷落而感觉孤单时，店员亲切的接待让她感到开心，所以才会冲动地买下了这件自己并不喜欢的衣服。

看看你的衣柜吧，仔细检视一下，有哪些衣服和鞋子是你从来都没有穿过的？为什么你不想穿呢？是太好了舍不得穿？还是太差了，不好意思穿？抑或是因为这衣服你根本就不喜欢，甚至早早就忘了还有这件衣服的存在呢？

数一数你有多少件"去年一次都没有穿过的衣服"？明年或者今后都不会再穿的衣服又有多少？很多人都有这样的想法，"过一段时间或许就会再次流行了。"那些一直没穿过的高档衣服就被统统塞进了衣柜。但是，我们需要弄清楚一点，同一种类型的衣服不可能会再次流行。即使风格有些类似，当下流行的衣服在袖长、腰宽、款式等方面，也一定与之前的流行样式不同。此外，你也无法保证自己的身材在下次流行到来时不发生变化。你是不是还有一些"能穿，但是感觉有些不适合，或者穿上后会影响自己情绪的衣服"呢？很多人在买来衣服时非常喜欢，然而由于价格不菲，便下定决心一定要把它穿到不赔本为止。然而，由于衣服的尺寸、材料、颜色、款式等原因，仍存在某些与自己不相配的地方，穿上衣服时难免会感到不踏实。这样的衣服人们自然也不愿多穿。

衣服本身是很好的东西，但是如果已经不适合自己了，那么它的价值就等于零。衣服穿在身上，必须让人感到心情舒畅，并且把人衬托得更加漂亮、有活力、有气质才行。

还有那些已经明显过时的衣服。如果你看到某个女人，现在还穿着带有厚垫肩的上衣、及膝的短裙这种过时的套装，会不会感到大跌眼镜呢？懂得珍惜东西确实是一种值得赞扬的行为，但衣服的款式可以传递社会的信息。如果你穿的与当今的时代相去甚远，从很多方面来讲，都会得不偿失。

即便是些还可以穿的衣服，也与那些起球、褪色、破损严重的衣物一样，在家都不愿意穿的话，就应该酌情把它们处理掉。

整理衣柜，这样的衣服肯定首先要舍弃，腾出空间来放自己更喜欢的、每天都离不开的、真正有用的衣服。这样，不仅会让你的衣柜大大清爽，也让你的心因此得到一次洗礼——原来有些东西真的是可以扔掉的！或许因此，你会明白，为什么有的人活在世上很洒脱，有人却觉得很累。而你自己不必叹息或是羡慕，只要学会清理你的背囊，扔掉烦忧，储蓄快乐，你获得的将是对生活的向往，你会感叹："放弃也是一种美丽！"

2. 名牌，不是用来喂养别人眼睛的

我们看重一些东西，经常是因为它们花了很多钱，而不是因为它们带给你满足和快乐。我们用价格标签或品牌名称来鉴别某物，却忘记了关注它是否真的能让你开心。开心是直接而简单的，不需要解释。如果你发现自己过分维护一样东西，那你就知道了，它其实就是杂物。

现代女性往往是名牌的忠实追随者，很多女人甚至痴迷于名牌，所以衣服、鞋子、包包、首饰等都要用名牌，买回来以后并不一定真正适合自己，为什么大多数女人痴迷于名牌呢？这往往是女人的虚荣心造成的，其实很多时候追求名牌没有错，但是名牌不一定真正适合自己。对于不适合自己的东西，务必全面扔掉，大胆地舍弃，不要有丝毫留恋，这样才能轻松惬意。

某外企职员月薪一万元，她这样表述自己对于名牌的追求：

我在一家外企工作，周围的同事大多很重视穿着，说白了，就是都很看重牌子。尤其是来自香港、台湾的同事，对名牌货更是青睐有加。耳濡目染，公司里买大品牌的人（以女性为主）越来越多。兰蔻的口红、SK-II 的面膜、CHANEL 的香水、TIFANY 的饰品、PORTS 的套装、DIOR 的包包……公司俨然成了秀场。什么是"名牌货"？就是用买十头牛的钱，买到不用半张牛皮就可以制成的皮包。而对于小白领来说，拥有这些东西的秘诀就是省吃俭用 N 个月，然后为购置一件带有奢侈标志的东西而刷光卡里的钱。有条件要买，没有条件创造条件也

要买。明知道一个DIOR的包包等于几个月的工资，还是要买。为什么？为面子！在一群被名牌武装起来的同事中间，如果你穿得普通，会感觉很怪。现在，早已过了那个大家挤在洗手间里试穿同事新衣的年代。穿名牌不是新闻，不穿名牌才稀奇。

　　橱窗后面那些"高贵"的名牌，以及这些名牌所代表的精致与奢华，吸引着大部分的女人，像这个外企职员一样的女人数不胜数。

　　当然，每个女人爱名牌的原因都是不一样的，有的人喜欢名牌，而且酷爱一个牌子到了"非君不买"的地步，这样的人，骨子里常常是追求完美的。仔细观察她们的生活，你会发现，她们其实活得挺累，因为她们内心容不得半点瑕疵或者遗憾。还有的人因为过分自卑而希望利用这些奢侈名品来提升自己的形象，不过往往会适得其反，让其内心的虚弱和不自信暴露无遗。自我评价低的人，无论怎么装饰自己，也很难产生"名牌效应"。还有的人为了成为"世界"的中心，她们会绞尽脑汁，千方百计地堆砌名牌，直到周遭的人全都开始关注她们的表演。说到底，其实她们的名牌是拿来喂养别人的眼睛的，至于她们自己，一旦失去表演的机会，生命就会立刻枯萎。

　　名牌，对有些女人的诱惑是致命的。但是满身名牌的女人感觉就像一杯极其浓香的下午茶，喝下去会觉得口涩难以下咽。

　　日本一位成功女企业家自言，家里没有多余的一件衣服，衣橱里所有的衣服，都各有各的用处，代表着不同节气、不同场合，甚至不同时间段的出场需要。没有用处的，当即清理，无论是什么大牌。她说，这样的好处是，她随时随地都能知道第二天如何穿戴齐整地出门，不用为如何穿衣服花时间费脑筋。这真是"节省时间，就是创造财富"

的箴言。

名牌也许能够为你加分，但如果没有名牌，只要把自己喜欢的日常服装搭配合理，自然大方，同样能够穿出迷人的味道。

人的情感总是希望有所得，以为拥有的东西越多，自己就会越快乐。所以，这一人之常情就迫使我们沿着追寻获取的路走下去。可是，有一天，我们忽然惊觉：我们的忧郁、无聊、困惑、无奈、一切不快乐，都和我们的要求有关，我们之所以不快乐，是我们渴望拥有的东西太多了，或者太执着了，不知不觉，我们已经执迷于某个事物。

在远离城市喧嚣的僻静处，有一条老街，街上有一家茶馆，里面住着一位老妇人。她经常戴着一副老花镜坐在那里织毛衣，身旁放着一个紫砂壶。老妇人并不在乎生意的好坏，她老了，挣的钱够维持生活，她就很满足了。

一天，一个经营古董的商人从这里经过，无意间看到老妇人身边的紫砂壶。他一眼就看出，那个壶颇有清代制壶名家戴振公的风格，且他的作品现在仅存三件。

商人在得到老妇人的应允后，仔细地端详起那个壶。果然不出他所料，这正是戴振公的作品。他如同发现了新大陆一般，兴奋不已，当场提出要出10万元买下这个壶。老妇人先是一惊，然后拒绝了。这个壶是她丈夫留下来的传家之宝，意义非凡。

商人走了，老妇人的心却不平静了。她没想到，这个用了多年的茶壶竟然这么值钱。原来她躺在椅子上喝水，都是闭着眼睛把壶放在小桌上，可现在她总要坐起来看一看。当周围的人知道她有一个价值连城的茶壶后，门槛都快被踏破了，甚至还有人晚上来敲她的门。一个壶，彻底搅乱了老妇人的生活。

过了一段时间，商人又来了，这一回他带着20万元现金登门。老妇人再也坐不住了，她竟然招来左右店铺的人和前后邻居，当众把那个紫砂壶摔了个粉碎。

拥有一个价值连城的物件，固然是幸运之事，但若这件身外之物给心灵带来负累，给生活制造了重重麻烦，真的不如不要。

因此不论衣橱里的衣服多么美丽，是多么响亮的名牌，甚至曾经如何地吸引过你，如果当下已经不适合你，那就果断地清理掉，不要犹豫，不要后悔。不要让你对名牌的迷恋遮住了你望向前方的眼睛，更不要让对过去的痴迷阻碍了你"断舍离"的脚步。没有关系，再美丽的名牌也已经不适合你了，还要它干吗呢？果断地扔掉，才是你该做的。

3. 勇敢地扔掉外在和心灵深处的杂物

生活中让人断不了、舍不得、离不开的东西实在太多了，它不仅让人生活凌乱，连心情也变得不好了。其实，哪有什么扔不掉的东西，只是不想扔！"扔不掉"这句话反映出来的其实是隐藏在自己内心深处"我不想扔了它"的情感。理智上认为"非扔不可"，但内心的情感却无论如何都无法同意这件事。所谓"扔不掉"，其实就像脑袋和心在吵架一样。

从前有一户人家的菜园摆着一块大石头。路过的人经常会踢到那块大石头，不是跌倒就是擦伤。

儿子问："爸爸，为什么不把石头挖走？"

爸爸回答："你说那块石头呀？从你爷爷时代就一直在那里了，它的体积那么大，与其没事无聊挖石头，不如走路小心一点，还可以训练你的反应能力。"

过了几年，这块大石头留到下一代，当时的儿子娶了媳妇，当了爸爸。有一天媳妇气愤地说："孩子他爸，菜园那块大石头很碍事，改天请人搬走好了。"孩子的爸爸回答说："算了吧！那块大石头很重的，可以搬走的话，在我小时候就搬走了！"

有一天早上，媳妇带着锄头和一桶水，将整桶水倒在大石头的四周。几分钟以后，媳妇用锄头把大石头四周的泥土搅松，就把石头挖了起来。

扔不掉东西的人不外乎三种类型：

一是逃避现实型。这种类型的人太忙了，几乎没时间待在家里，他们通常对家庭有诸多不满，所以找各种各样的事让自己忙起来。加上家里乱七八糟，所以更不想待在家里。慢慢的，就掉入了恶性循环。

二是执着过去型。这种类型的人，即便现在已不再用的东西，仍然会全当命根子保管起来。他们太留恋过去的幸福时光，与逃避现实型有相通之处。

三是担忧未来型。这类人囤积了大量的纸巾、洗发水、沐浴露等日用品，快消耗完时会焦虑不安。

三种类型中，这种人最多。

"扔不掉"很奇怪，扔不掉的背后往往带着对某种人或事物的念想，常常会感到可惜，这里的"可惜"有两种——"入口"的可惜与"出口"的可惜。"可惜"本身没什么问题，表现出来的是人们对物品的珍惜之情，却经常被拿出来当成执着的挡箭牌。对于"丢弃"与"可惜"，我们似乎有必要重新再做一番检讨。

"扔不掉"的本质不在于物品本身，而在于我们的内心。我们心中有很多的执念与行为相对抗，我们找了很多理由和借口抵抗扔的行为，一遍遍地告诫我们"不要扔"，这些理由包括"那些东西还能用——而其实根本不会再用它"、"这个东西这么好，丢了好可惜呀——其实再有多好，不用本身也是浪费"、"留着吧，也许哪一天就能用得着呢——也许穷尽你这一生，也没有用得着它的一天"、"这些东西真的好贵的——好贵是指它的价格，并不是它的实用价值，对于一个无用的东西，再贵又有什么意义？"、"那是我最好的朋友送给我的礼物——朋友贵在知心，而不是贵在你保存着一件什么都代表不了的礼物，留下情谊难道不比留下礼品更好吗？"、"那是重要的纪念品——是正能量的还是负能量的纪念品呢？如果是因为失恋后那个人留下的最后一件物品，那最好还是扔掉吧"等。

理由确实很多，但你看看，不是也都有扔的理由吗？所以，这不是理由，只是不想扔的借口。其实没有什么东西是不能扔的，扔还是不扔自己完全可以决定，扔不掉的真正原因其实是不想扔，"扔"与"不扔"，这就是选择与放弃的过程。扔与不扔，全在于我们自己，却说得像是物品做出顽强的抵抗，让我们无法做出行动似的。扔不掉的原因全在物品，这是以物品为中心的思维模式，我们为什么不换成以自己为中心的思考模式呢？扔掉，是为了自己的空间更阔大，心情更清爽，生活更美好，还有什么扔不了的呢？有些物品的确是难以舍弃，除非是非常难处理的工业废弃物，绝对"扔不了"的物品几乎没有，关键就在于你是否想扔，也就是你内心的抉择。

有一个很有名的珠宝商人叫比舍，他有着丰富的航海经验，可以称得上是一位航海家了。一次，比舍带领着五百商人驾着一艘一艘的船入海采宝去了，他们乘风破浪，很快便到达了珠宝产地。等船靠岸后，客商们都十分兴奋地登岸寻宝。那里可真是一个宝地，一眼望去，遍地都是奇珍异宝……大伙儿顾不得太多，像一群饿狼一样，拼命地把珠宝搬运到船上。眼看着耀眼的珠宝将一艘艘船装满，然而这些客商们似乎一点都没有想要停止的想法，而此时每艘船都在慢慢地向下沉……

比舍看到这样的情况，急忙大呼："注意！注意！船上的物品已经运载过重，请大家主动将超载的珠宝抛弃，否则会有危险的！"可是这话并没有引起客商的注意，他们并没有停止手中的搬运工作，在他们看来，宁可与宝物一起死去，也不愿意丢下一粒珠子。

比舍眼看着船一点一点地向下沉，由于满载珠宝的船太重，一会儿可能就会沉入海底，到时候人财两空啊！在这危机的时刻，比舍毅然选择了牺牲自己船上的所有，将那些光闪闪的珠宝都投入了海里，驾驶着一艘空船跟着那些满载珠宝的船队离开了宝山。

没过多长时间，那些超载的船马上就被海水吞没了。如果不是比舍的船空着，将那五百客商护救出海，恐怕他们的命都没有了。当商人平安地站在比舍的船上时，才意识到他们刚才经历了一场生死劫。这时他们才领悟：珠宝虽然很贵重，但也没有人的命贵重。虽然这些东西充满诱惑，但是在困难即将来临的时候，你必须毅然做出明智的选择，放弃一些身外之物，这样你才能脱离危险。

有时候，如果你不放弃眼前的一些既得利益，可能会失去更多更美的风景。在人生的道路上，也有很多我们明明内心中早已经知道应该扔掉的东西，却总是藏在某个角落里，也许不是你扔不掉而是你还不想扔掉。生活有时候往往需要更多抉择的勇气，勇敢地扔掉外在的和心灵深处的杂物，你就会活得越来越快乐。

4. 你逛的不是商场，是时尚

学无止境。学习穿衣打扮同样不能一劳永逸。除了基本的穿衣打扮规则之外，你需要每年更新脑海里的流行资讯。此外，随着年龄的增长、身份的改变、体型的变化，你必须不断学习新的搭配技巧来适应当下的自己。听起来似乎挺累，可是将无从下口的大蛋糕切成小块便能够细细品味。

很多女性朋友去商场购物时，看着色彩鲜艳、款式不一的服装，不自觉地心情就会豁然开朗，心情一好，随之而来的就是激动。

激动不要紧，代价是你得出多少钱去买漂亮的衣服？其实在商场里我们试穿过的衣服，回家细细品位时，才发现这些衣服有的根本就不适合自己，穿起来根本找不到自己想要的那种感觉，反倒会显得有点土。不自然地，你的衣柜又多了几件"展览品"。

也许有的朋友就会责怪设计师，怪他们设计服装时考虑得不充分。其实每件衣服，都是经过设计师的精心设计。这些衣服就像是设计师的孩子一样，经过构思、设计、修改、再设计、制成样品、修改到最后定稿。经历过如此的程序，最重要的环节是服装发布会。开始发布会之前，服装设计师会亲自选择适合该类服装的模特，经过模特的表演，才能真正显示出该服装的韵味。

作为消费者，我们在挑选服装时首先要考虑的是自己究竟适合什么风格的服装。每件衣服都好看，但未必适合你，你要根据自己的职业、身份、年龄以及性格来选购服装。

比如说，20几岁的女人应该是一朵还没开放的鲜花，没有必要在这个年龄段就把自己打扮得老气横秋，这样只会适得其反。20几岁的女人应该把握好这个衣服款式很随便的年龄段，简单的牛仔裤、大方的半袖都可以衬托出女孩的青涩和稚嫩。会穿着的女人知道，一双帆布鞋、一条直筒裤、一件卡通T恤，就会塑造出一个简单大方阳光的自己。但是穿过多的灰色和暗色系的衣服，会给旁人压抑的感觉。

女人在这个年龄段也会开始参加到工作中来，除了公司规定的职业装之外，几件时尚的西服还是必要的。但是，如果这个时候你还没有一定的领导地位，那么在穿着上不要压倒自己的上司，否则日后的工作是会有麻烦的。

但，女人一旦进入30这个年龄的门槛，就应该知道要和20几岁时的穿衣打扮说再见了。这个时候的女人在穿着打扮的时候可以试着朝知性的方面靠近，但也没必要说全身上下都是名牌。如果女人的奢侈品过多，反而会觉得华而不实。比如，简单的职业装或者是裁剪得体的套装，都是不错的选择。这个年龄段的女人切忌穿太过于花哨的衣服，庸俗不说还会感觉很浮躁。

30几岁的女人除去衣服的颜色和款式要特别注意之外，还要留意的是衣服的品质。很多30几岁的女性已经身处领导岗位了，那么这个时候，你穿着打扮的品质很大程度上影响着你在下属面前的权威，甚至是在上司面前表现出来的职业责任感。比如，面料细腻的套装，可以在上司面前表现你细致的工作态度，而精致小巧的耳环还可以衬托女人成熟的魅力。

　　总之，在不同的年龄段和不同的身份，女人的穿着打扮也不一样。一个40多岁的女人如果喜欢"装嫩"，穿着可爱的韩版服装，那么不免让人觉得可笑又可怜。因此，女人在穿衣打扮的时候要懂得顾及自己的年龄和身份，这样无论是对于你自身的展现还是心理上的需求都同样重要。当然也要根据自己的体型来挑选服装，因为每件衣服都有其韵味，但未必适合你。

　　有的消费者走进一种误区，认为有品牌的衣服才适合自己，能穿出自己的气质。这比"购物狂"更可怕，因为她陷进了品牌的陷阱。衣服并无贵贱之分，关键是看穿在谁身上。只要这件衣服适合你，它是"地摊货"也能显示你的个性。相反，不懂得搭配，即使你穿几十万的衣服，也会让人感到不合群，给人一种土气的感觉。

　　心羽是那种见过的人都会眼前一亮的美女，她分享自己的心得就是："8小时之外，最爱的休闲方式，除了上网，便是看杂志。"

　　心羽爱看的是时尚类杂志，比如《Vogue》《Bazaar》《Elle》之类。因为它们普遍文字少，图片多，随手翻翻不需费脑，能达到休闲放松的目的。而且，它们能教心羽美容养生知识，又会普及潮流趋势。所以，心羽在家里沙发茶几、卫生间还有枕边，都放着那么一本本华丽的、时髦的时尚杂志，供她随时消遣。

　　心羽平日将自己"关"在写字楼里做白领，下班回家要做家庭主妇，逛街的时间实在少之又少。但身为都市白领，塑造外在优美形象是必须课程，于是，心羽晚上做完家务后就窝在沙发里跟着杂志恶补潮流信息。

　　午餐时分，心羽常和同事一起聚餐。饭桌上聊的最多的就是明星八卦新闻。平时手机上网看到的新闻都比较短，点到为止，可时尚类杂志常有大段篇幅来八卦明星私生活。心羽正好借此"补习"，第二日饭桌上心羽就俨然一枚狗仔队成员啦。

如果你还在怀疑自己out（淘汰）了，那么每个月就坚持翻阅至少3～5本时尚、美容类型的杂志或者是报纸吧。就算生活的节奏再快，也要强迫自己时常翻阅。一般杂志都会介绍本季流行趋势，又会推出很多街拍搭配图片，比照着自己的衣橱，想清楚了当季需要添加什么单品，找个周末去逛家品牌比较齐全的商场，有目的地购物，就又省时间又赶潮流。

如今，时尚杂志也分门别类了，有美容专刊、健康专刊等，还有养生课堂普及大众，比如教你做酸奶蜂蜜面膜、珍珠粉鸡蛋清面膜等。还有一类时尚杂志专门做旅行介绍，无须出门就可以领略别处风景，给平淡的生活添加旖旎的遐想。

另外，网络上有很流行的一句话，"姐逛的不是商场，是寂寞。"其实，女人逛街并不只是为了打发时间，而更多的是为了提升自己的品味。审美能力很高的女人，一般情况下都是逛出来的，没有任何一个女人天生对品味就有很好的理解。如果你的品味还是只限于自己狭小的空间，那么也就该活动你的腿，去逛逛了。

5. 永远不要小看一个保持身材的女人

永远不要小看一个保持身材的女人。因为这意味着她们有常人不能比的毅力和耐力，拒绝了常人不能拒绝的诱惑。一个减肥的女人，她可以控制饮食,坚持运动,勤练瑜伽,拒绝一切让自己长胖的美味和热量。这样的超强毅力和控制力,无论用在情场还是职场上,简直就是无往而不利。

当然,保持身材不是一朝一夕的事情,如果一时半会儿达不到自己的理想效果,或者是先天有点小缺陷,没关系,只要用心找到适合你身形的服装认真搭配,同样也能穿出惊艳的效果。

Strawberry草莓型身材穿衣要注重上深下浅

草莓女生身材通常上大下小,肩膀很宽,上身壮而下身细,体形看起来像个倒三角。所以,如果你身材比较高大,身高在170cm以上,胸围宽,上身壮,或者身高不高但上围丰满,下半身相较之下纤瘦;或者胸围尺寸和臀围基本相似,腰围不够细,有点小肚子、游泳圈,却有纤细的双腿,这样的女生,就是草莓型了。

不要突出上半身:草莓女生的共性是肩宽,所以垫肩、荷叶领、一字领等一切突出上半身的衣服都不适合你,滚边、蕾丝或者泡泡袖更是千万离得远远的,除非你准备去打激烈的美式橄榄球。

裙装选择有讲究:穿工装裙和裤装时,纤细的双腿能让你成为公司中最靓丽的风景线。格子、印花或者花纹系列的衣服都是草莓形女生该大胆尝试的,穿着这样的衣服能让你的上半身看起来纤瘦不少,加强上下半身的对比,整个人的比例也会显得修长起来。

总之一句话,你的穿衣哲学在于:"上深下浅"。

CocaCola可口可乐型身材一定要显出小蛮腰

显露腰身:虽然身材很Perfect(完美),但还是要注意一点,那就是:"一定要把腰身显示出来"。

传闻,玛丽莲·梦露的纤细腰肢是通过除去胸腔最下端的第12根浮肋得到的。当然,痛苦的追求美丽是对自己的不自知与折磨,要想穿出纤细的腰身,我们自然用不着开肠破肚,把肋骨去掉,只需要选对料子穿对衣就可以。

选对料子：上半身的料子不要太柔软或者太贴身，因为可乐体形的女孩子通常上身较丰满，太柔软贴身的料子会让你的胸看上去大而无型，但也不能过硬，否则会给人刚猛的健硕感，没有女人的柔美气质。不宜走形的坚挺的料子是最好的选择。

Peach水蜜桃型身材不要圆配饰

水蜜桃型女生也是身材曲线比较突出的，但与可口可乐型女生不同，曲线会更偏大一点。

双V的线条最适合水蜜桃形的女生。V是Victory（胜利），也是美丽女神Veness（维纳斯）的首字母，在这双重V的保护下，哪会有不美的女人呢？衣服的面料要选择柔软而垂坠性强的，更能突出本身强烈的女性特质。但是要注意的是，配饰不要搭正圆形的，服装上的花样也千万不要出现正圆。

Luffa丝瓜型身材请和紧身衣说NO

胸、腰和臀的比例很中性，没有太突兀的地方，如丝瓜般直来直去，性格也多少有些男孩子的潇洒和帅气。性格中的直也会恰好契合你的穿衣风格。看看Kate Moss和李宇春，都是极具中性美感的女人。

直筒装束：直筒的洋装天生是为你而生的。帅气的吸烟装、剪裁得体的中性西装，都能把你的优点展现无遗。如果想显露腰身，一根细腰带加上比较夸张的配饰就能完成最时尚的任务。宽松版的裙子和灯笼裤，也会让你的腰身显得更加纤细。

你的搭配要诀是"宽松而有层次"，紧身的服装不适合丝瓜型的女生，宽大的衣服加腰带，反会让你显露出别样的性感。小背心+小T恤，小外套搭内衬的层次风格，让丝瓜女的线条显得更加柔美。

Pear西洋梨体形上半身要夸张夺目

上浅下深，灰色为界：因为上半身比较瘦，而下半身比较宽，穿衣就一定要上浅下深。以灰色这个中间色为界，上面的颜色不要比灰色更深更暗淡，下面的颜色不能比灰色更淡更明亮。

上繁下简，巧妙瘦身：不要怕自己胸小而不敢露，不敢突出，西洋梨们最适合夸张的领口设计，大扣子、大别针或者大胸花都适合西洋梨们穿戴。除了大领口的露胸除外，夸张的上半身装饰会让人的目光全部集中在胸口和腰身，你的缺点就是优点了。有突也要有收，下半身就要稍稍紧起来，把蓬蓬可爱的公主裙从衣橱里扫出去吧！A字裙也不是梨形女的唯一救星，布料太硬、细细的腰带只会让本来就不小的臀部更加突出，所以也不能选择。

6. 在梳妆台前，每一个女人都有机会当艺术家

据统计，美国女性每年购买化妆品约花费300亿美元；在日本，一个女性平均一生所要使用的基本化妆品中，化妆水为980立升，各类霜膏为150千克，乳液为125立升，口红400克。以上这组数字，足以令男人大吃一惊。那么，女人为什么要化妆呢？答案就在脸上。

唯一的真理是——化妆是存在的，丑陋并不存在；脸面是化出来的，美则是永远愉悦、变幻无常的。在接受媒体采访时，卡拉·布鲁尼说道："我明确地知道，哪一种面部化妆，哪一种发型更适合我。我最欣赏自己的一点就是，我能将自己的缺点转化为优点。"

化妆确实是值得女人学习和研究的一件事情。女人的时尚不单是出自美丽的眼睛和光滑细腻的皮肤，而是出自整体的妆容效果。眼睛

和皮肤的美丽常常一目了然，而好的妆容是女人用智慧和修养精雕细刻出来的。那份与身体的和谐，那份洋溢于周身的风采和丰韵，那份内心世界精彩的描述和渴求，是可以用心去表现的。通常好的妆容所表达的美，是可以超越本体的。相反，不良的妆容会损坏女性的美感——视觉的美感、品位和素养的美感。可以说，爱化妆的女人是积极的女人，会化妆的女人是智慧的女人。能够化好妆，并不是件容易的事。那么多的化妆品、那么多的化妆工具、那么多的化妆色彩，仅仅知道一些化妆方法是远远不够的，化妆是熟能生巧的技艺，你得花一些时间练习，才能够应用自如。化好妆最难的并不是技巧，技巧可以练，学会常规的化妆技巧并不是很难的事，最难的是什么呢？是审美，是审美能力。

正如亚里士多德所说，艺术就是"弥补自然的缺欠"。在梳妆台前，每一个女人都有机会当艺术家。作为一名化妆艺术家，你必须记住，每一件作品，即每一张面容，都是独一无二的。如果你想追求理想的面容而掩饰自己，你就弄错了。你应该化出自己特有的面容，这样，无论谁见到你，不仅会获得美的享受，还会产生发现的乐趣。

你应该将脸上那些不合标准的部分视作你真正的财富，不可设法改变它们。顺着你的鼻子画上暗色的条纹并不一定会使你的鼻子看起来狭长，眼角边描上延长线也不会使眼睛显得大些。你应该把精力集中在使那些过分显眼的部位，让它看上去柔和一些，这样，别人就会觉得它们有一种特殊的美。应该记住，一张不合标准部位的面孔能反映出魅力的特质来，不仅如此，这样的面孔更让人难忘。

萌妹子、御姐范儿、女神等词语像一股热潮来袭，从这些我们也可以看出时尚地标，但时尚界多的是昙花一现，我们很少看到卡拉·布鲁尼等各国第一夫人追随时尚潮流变换妆容，知性优雅才是她们不变的时尚理念。如果你经常关注欧美女星，一定不难发现，她们最爱极富立体感的裸色妆容。没有夸张的色彩，一切都很简约，却一点也不简单。即使你是小清新，也能在这妆容的衬托下显现出气场。掌握下面几点，能让你在最短时间变身化妆达人。

注重睫毛细节

先用睫毛夹将睫毛夹翘，然后从睫毛根部向上刷上睫毛膏，下手要轻，宁可多刷几次。

选择刷毛纤细浓密的睫毛膏刷下睫毛，由下睫毛根部向下刷，下睫毛呈现黑色，每根分明即可，不要太浓密了。

选用短齿的睫毛梳，由下而上把黏在一起的上睫毛梳开，避免"苍蝇腿"。

注意：市面上有多种刷毛不同的睫毛膏可以选择，先用刷毛纤长浓密的睫毛膏刷两次上睫毛，再换刷毛较硬而短小的睫毛膏制造卷翘效果，最后用睫毛梳分梳睫毛是优雅妆的关键。

眼部气质不可少

水汪汪的大眼睛陪衬粉红色眼影，气质立即提升。

先用淡粉红色将整个眼窝涂抹，眼角部位颜色较浅，眼窝中间的颜色要加深，使眼睛深邃，下睫毛处也用粉红色的眼影画出下眼线。

再用较深的棕色在上睫毛的根部画一条较粗的上眼线，注意与粉红色眼影的过渡，过渡区尽量淡化自然，不要有明显的分割线。

最后在眼头及下睫毛尾部用白色高光粉再次提亮双眼增加效果就OK了。

注意：多种颜色的眼影盒是打造淑女妆容的必备妆品。用眼线笔或眼线液勾勒出更有诱惑力的眼线，可使双眼更大更亮。

腮红是制胜的关键

用与眼影同色系的淡粉红将脸部颧骨以下的微笑肌扫上腮红，使脸妆更显优雅。想要让腮红更服帖自然，可以选择液状或膏状的腮红产品，效果水润，整个妆容更加和谐。

注意：裸妆讲究气质和优雅，太红的腮红会显得妖艳，而橙色系则会显得阳光，淡淡的粉红色是淑女的最佳搭配。

7. 首饰，画龙点睛的隽永

可以说，配饰是提升女人贵气的不二法门。如果说高贵典雅的女人像绽放的花朵，那么珠宝首饰则是花瓣上那一滴不可或缺的晶莹露珠。首饰可以增添女人的气质，让你变得高贵，只要选择的款式和色调合适，就不会俗气，无论走到哪里，都一样是珠光宝气的美女。无论是温情脉脉的烛光晚餐，还是名流云集的隆重盛典，独卓的珠宝首饰，都会让你魅力四射、光彩照人。

不论是百年传统老牌或是当红的时尚品牌，能够在千变万化的潮流中屹立不倒，都一定拥有不少独有的经典配饰。质材严选、造工精致，这都是经典产品所不可或缺的重要元素，让它不论在哪一个季节场合，都让人感到合宜得体，不过度花俏抢眼，却优雅地散发出隽永风采。

珠宝首饰的佩戴是一门大学问，很多时候它甚至比服装还重要，佩戴得宜，犹如画龙点睛。如何发挥珠宝首饰这种内在的魅力和功能呢？首先应该知道什么场合戴什么首饰，什么场合可以戴首饰的问题。

在人们以往的观念中，认为只有正式和庄重的场合才可以佩戴珠宝首饰,别的场合是不适合佩戴的,其实这是一种误解。大家对服装有了较深的认识,知道有正装、便装、礼服、休闲服等区别,而且知道在不同的场合穿不同的衣服,而在珠宝首饰的佩戴上,则显得了解匮乏,一件首饰戴上去就不再摘下来,什么场合都是它。

几种主要场合佩戴首饰应注重的事项:

对于职业女性,职业装的配饰限制较多,在遵守一定原则之外,其实,自己花一点心思,巧妙选择适合你气质和风格的珠宝首饰,塑造自己的独一品味,是找到自信和成功的要点。

为了突破职业装色彩的单纯性,可以在胸前和发际,以及项链上搭配一些色彩生动的有色宝石,在职业装的庄重严肃之外,透射出女性的生气和漂亮。这种有色宝石的选择,一定要注重宝石的品级,宝石的色彩一定纯正艳丽,宝石一定要有灵气。

同时在时装的基础上,巧妙搭配珠宝首饰,能起到改变职业装外形的效果,这里两个最重要的首饰就是,项链和胸针。在西服套装的领子边上别一枚曲线型设计的胸针,可以使套装的庄重之中添加几丝活跃的动感;项链的长短、质材色彩以及设计风格的不同,巧妙的搭配,同样能增加套装的动感和韵律美。

非凡的职业和非凡的场合,最好能佩戴适合自己职业个性和品味的首饰,应该充分发挥珠宝的情感文化内涵,使之成为一种标志化的身体语言,佩戴专业设计制作的独一无二的首饰制品,最能充分体现你的独特品味和个人魅力。

平时,家居旅游休闲时,同样应该注重珠宝首饰佩戴的形式和与服装的搭配,一般在这种非正式场合,佩戴有设计的彩色宝石和半宝石首饰,与休闲服装的搭配相得益彰,平淡中透出一种别样的品味。

访亲会友,是大家充分展示佩戴个性和品味的时机,适时适地佩戴彩色宝石饰品,会给这个非凡的春季,增添一点色彩,同时给你的家人和好友一种热情和轻松的感觉。如参加庆典宴会晚会等正式场合，应该佩戴有设计的名贵珠宝套饰，佩戴两件以上的首饰，就应该注重搭配，珠宝首饰设计师为帮你解决这个问题，设计了套装首饰。

常见的套装有两件套装、三件套装、四件套装、五件套装。

两件套饰：项链戒指、戒指耳环、项链耳环、耳环胸针、手镯耳环

三件套饰：戒指项链耳环、戒指项链胸针

四件套饰：戒指项链耳环胸针、戒指项链耳环手镯

五件套装：戒指项链耳环胸针手镯、戒指项链耳环手镯头饰

对待套装的佩戴一定要慎重，佩戴不合适就会闹笑话。一般来说，正式场合原则上是要求佩戴套装或接近于套装的高档首饰。套装在材质、风格、工艺上有一定的要求，要求一致性。两件套饰应用范围较广，一般情况下是比较随便，可以配任何服装，入任何场合，但要求首饰的材料、造型、做工与环境、服饰相配。

四件套饰、五件套饰佩戴一定要慎重，只有较正式和隆重的场合才可以佩戴，环境不合适就会有做作之嫌，过于堆砌，产生负面效果。套件由于数量的增多、色彩的重量增大，在与服装的色彩和造型设计上影响就会相对较大。因此，一定要注重搭配，以及与佩戴环境的协调。

例如，翡翠套装最好是在出席晚间的正式场合佩戴，翡翠的绿色在灯光下能显得荣雅华贵，而在日光下，满身的绿色会过于刺眼。白金蓝宝石套饰在这样的场合会更合适，显得沉稳一些。

红宝石、钻石套饰在灯光下会有好的效果，珍珠套饰有着较强的适应性，在多数场合均不会显得刺眼。英国前王妃戴安娜有不少的珍珠套饰，她经常佩戴珍珠套饰出席各种场合，总是那么优雅华贵。

第三章

女人如诗，
品位是一种生活态度

品位是一种生活态度，也是一种无形智慧和财富。如果说性感魅力是女人外在的美丽，独立自信是女人内在的气质，那么品位格调则是女人价值的终极展现。一个女人拥有品位，等于享受增值的自我；表现出品位，则意味着成功了一半。

1. 不见花开，只闻暗香浮动

　　有品位的女人无人不喜欢，不管是男人还是女人。愚钝的女人总是在抱怨：上天是如此不公，为何不将那样的身材与美貌赐予我？而女人的品味往往是通过后天的努力，让人心服口服。当女人从表面的自我，过渡到一种深厚的内在之中，便呈现出一种升华过后的极致美丽，与从前相比，不可同日而语。一如水涨船高，是一样的道理。

　　在一次世界文学论坛会上，有一位相貌平平的小姐端正地坐着。她并没有因为被邀请到这样一个高级的场合而激动不已，也不因自己的成功而到处招摇。她只是偶尔和人们交流一下写作经验。更多的时候，她在仔细观察着身边的人。一会儿，有一个匈牙利的作家走过来问她，"请问你也是作家吗？"

　　小姐亲切而随和地回答："应该算是吧。"

　　匈牙利作家继续问："哦，那你都写过什么作品？"

　　小姐笑了，谦虚地回答："我只写过小说而已，并没有写过其他的东西。"

　　匈牙利作家听后，顿有骄傲的神色，更加掩饰不住内心的优越感："我也是写小说的，目前已经写了三四十部，很多人觉得我写得很好，也很受读者的好评。"说完，他又疑惑地问道，"你也是写小说的，那么，你写了多少部了？"

　　小姐很随和地答道："比起你来，我可差得远了，我只写过一部而已。"

匈牙利作家更加得意："你才写一部啊，我们交流一下经验吧。对了，你写的小说叫什么名字？看我能不能给你提点建议。"

小姐和气地说："我的小说名叫《飘》，拍成电影时改名为《乱世佳人》，不知道这部小说你听说过没有？"

听了这段话，匈牙利作家羞愧不已，原来她是鼎鼎大名的玛格丽特·米歇尔。

这就是有品位的女人，她不经意间流露出来的优雅，让人佩服得五体投地。

时髦可以追可以赶，可以花大钱去"入流"，而品味却是模仿不来、着急不得的事。

品味，是一种知识的积淀，不管是直接还是间接的，都是一种必需的积累。品味不是一种形式上的东西，它需要你在生活中学习，需要你以丰富的人生经历来成就。品味有着终生学习的特性，它是台阶式的，学一点，修一点，修一点也就提升一点。品味需要女人学一生，坚持一生，它才会让你受益。

"品位"二字，没有内涵是强作不来的。品位不是虚无缥缈的一种自我良好的感觉，它是全面的、整体的、由表及里的综合表现。品位是一种集个人的出生背景、文化层次、生活素养为一体的，只能靠感觉去体验的东西，不是什么人都能够拥有的。

女人品味之树的根要深扎在文化与经济的沃土里才枝繁叶茂。当品味成为一种自然的气质时，你一定会变得成熟、温柔。当品味代表你的性格时，你已把握了自己的人生。

女人的品味又像一口泉，智慧之水在涌动中展示充分的人格魅力，散发着令人仰慕的内在芬芳。女人们要尽量提高自己的品位，多一些优雅，因为这实在是人生中的崇高境界。

女人的品位来自内心深处，是女人内涵、神韵、气质、魅力的显现。有品位的女人，心灵如水晶珍珠般洁净，能在山野中放飞，也能在都市里闪耀，由内而外，深入人心。她们不刻意在梳妆台前浓妆艳抹，炫耀靓丽。但那不经意间的清新幽雅，却萦绕在广大空间，像一块不需雕琢的玉，无论放在哪里，都熠熠生辉。

她们不因富贵平添奢华与浮躁，也不因贫寒徒增寂寞与烦恼。一面用缤纷的眼光看世界，一面以平和的心态对人心，似绿茵中的一棵草儿，虽不能遮风挡雨，却深信自己也是春天里一抹鲜亮的新绿。

她们不愿意涉足名利场上的喧嚣，却能用心打造属于自己的那片天地，从不矫饰心灵的窗口，却能在坦荡中昭示自己那种特有的魅力。风雨飘摇时，能勇敢撑起心中那把伞，不去放纵自己的怯懦，拉着别人的衣角哭泣。

她们不会让爱成为一种负担，在平凡中细数每一个日子。相聚时，你在她的心头；离别时，她在你梦的路口。用一生的等候，去换取男人无数次的回眸。坚信，既然已经牵手，就要相依到永远。

她们把品行与智慧都写在宁静的心里，未必有驰骋疆场的豪情，却能用心去感悟人生。她们善于学习，具有适应社会、工作、家庭和生活的本领。品位使女人变得优秀，温文尔雅，善解人意，心态平和，底蕴厚重，情感丰富，视野开阔，境界升华，敢于融入社会，直面人生。

漂亮不等于品位，女人再漂亮也经不起岁月磨砺。美丽的外表不能代替品位，品位的内涵却可以覆盖外表，甚至突破年龄的界限。有些女人虽已发如霜雪，但看上去仍然很有品位；有些女人虽然年轻漂亮，却很难显现出女人的气质。

同样漂亮，有品位的女人美得透，美得极致，美得入骨髓。没品位的女人则像一个美人雕像，空有美的形态，却无美的韵味。即使貌若天仙，珠光宝气，浑身名牌打造，也让人觉得庸俗、肤浅。生活的磨练，岁月的雕琢，会让有品位的女人沉淀出一种暗香，安静优雅，温柔妩媚，不张狂，不矫揉造作，不能一眼就让人看懂，需慢慢品味和欣赏。

女人的品位是一本书，不论什么时候，当你合上或打开书想起她时，就会流连忘返，舍不得丢弃，并有一种力量，让你安下心来与她共度好时光。男人是女人的忠实读者，女人是男人的欣赏对象。女人的品位只有好男人才能真正体味，然而有些男人却始终读不懂。女人的品位，需要细细琢磨，才能真正读得懂。

女人的品位没有定式没有形状，从骨子里淡淡溢出，慢慢释放。有品位的女人给人一种美的感受，一言一行都十分优雅得体，时间为之增色，岁月为之添香，人生为之恒久弥漫芬芳。

2. 亲近艺术，远离八卦和肥皂剧

拉斐尔曾说，艺术可以延长生命。美是一种沉静，只有内在有深度，你才会像宝藏一样令人神往。

生命短暂，艺术永恒，艺术带给我们很多东西。多去接触文学和艺术，生活需要精神上的支撑与引导。

英国前第一夫人萨曼莎不仅父亲家族显赫，她的母亲也出身上流社会，是英国著名邮购家具公司OKA的创办人之一。与英国大多数穿着老气的夫人不同，39岁的萨曼莎学艺术出身，曾任创意总监，偶尔成为高端杂志的封面人物，自然流露的个人品味令时尚界印象深刻。

如果仔细观察萨曼莎的生活细节，我们不难发现她的好品位与从小受到的艺术熏陶是密不可分的。

萨曼莎有艺术的天赋，有艺术家独特的气质，她热爱艺术，喜爱时尚的东西，喜爱一切美丽的事物，她曾经梦想成为一名职业画家。为了实现梦想，萨曼莎从马尔伯勒私立中学毕业以后，毅然进入当时的布里斯托尔工艺学院（西英格兰大学前身）。她在那里刻苦学习美术。

在大学里学习的萨曼莎，离开了家，就仿佛从贵族家教的"牢笼"里解放出来了一样，心里十分轻松。她的心自由了，她不想再被贵族的身份束缚，只想做自己喜欢的事。艺术的特质在她的身体里爆发，她突然变得大胆起来，行为举止异常疯狂。她的脑子里不时闪现出各种各样稀奇古怪的想法，然后狂热地将其付诸行动。也就是在这个时候，萨曼莎义无反顾地追逐着纹身的潮流，她在脚踝上纹上海豚的图案。这看起来，她似乎已经"背叛"了自己的贵族身份，成为一个前卫、行为不羁的艺术爱好者。

萨曼莎喜欢大学生活，喜欢这个聚集了形形色色人物的地方，喜欢这个疯狂热闹的场所，喜欢这个广阔的交友空间。在大学里，萨曼莎对什么都充满了极大的兴趣，文学、艺术深深地吸引了她的目光，形式丰富的街头文化也同样引起了她的兴趣。萨曼莎把街头文化看成了生活中的一大乐趣，并把它列入自己的行动计划中。

萨曼莎积极参与各种活动，并且在活动过程中结识了很多朋友。她经常跟这些朋友外出，跟这些朋友一同玩耍。在这些跟萨曼莎的贵族背景格格不入的朋友中，他们相处融洽，并没有因为身份的差别而产生分歧。

萨曼莎还喜欢夜生活，灯红酒绿充满诱惑，她在这里能感受到丰富多彩的刺激。在当地的一家酒吧常常能看到萨曼莎的身影，她喜欢这里，喜欢在这里享受夜的喧嚣，享受身体感官强烈的刺激。因此，朋友们后来一直都戏称萨曼莎是一位"内心中的嬉皮士"。

萨曼莎曾经梦想成为职业画家，显然她并没有实现这个梦想，但她坚持让自己的生活里充满艺术的气息。

对艺术的热爱与追求影响着萨曼莎生活中的一切，也让她的品位在无形中厚积薄发。我们也常常发现，只要是和艺术沾边，不止是学艺术的，只是工作和艺术沾边的女人气质都很好，即使长相很一般，但就是有一种独特的气质，更耐看也更引人瞩目，为什么呢？这是因为拥有艺术气质的女人更有品位。

有些女人宁愿拿出大把大把的时间来看那些冗长的电视剧，也不愿意走出去看看画展，听一听音乐会。她们和别人聊天的时候，最多的话题就是搬弄是非，八卦新闻，从来说不出什么有见地的话。但是有些女人，却总是走在时代的前端，和她们聊天会觉得是一种享受，因为她们说出来的话你会觉得很有格调，也很受启发。无论是音乐、绘画还是文学，她们都能发表一些自己的看法和见解。她们之间的差异其实和有钱没钱没什么关系，也不在于容貌的好坏，而是在于对艺术的态度以及艺术在她们生活中的位置。

那些谈吐不俗的女人基本上都在一定程度上热爱着艺术，并让艺术成为生活中的一部分。其实艺术这个词，说大就大，说小就小，它是音乐、绘画、摄影、文学……可是它也总出现在我们的身边，比如电影、书籍、歌曲……艺术修养是一个女人内在素质的重要体现，是一个女人可以享用一生的财富。有些女人总是认为艺术感觉和艺术修养是与生俱来的，实则艺术修养不是天生的，它需要在艺术欣赏和才艺学习中逐渐培养和锻炼。接触各种艺术形式，参加丰富的艺术活动都能够提高一个人的艺术修养。

女人若想让生活变得更有格调，让生命更加精彩和丰富，就一定要让自己成为热爱艺术的女人。

热爱艺术并不是做给别人看的，不是附庸风雅，也不是为了拿出来作秀，热爱艺术是与生活息息相关的。正是对生命和生活有着极度的热爱，她们才会对艺术有着浓厚的兴趣，并让自己的生活充满着艺术的气息。

3. 富有和有品位绝对是两码事

出入各种社交场合，我们经常会发现一些浑身上下珠光宝气的女人，那种想要炫耀奢侈大牌与富贵身价的迫切表情真的让人难以直视，所谓的"土豪"也不过如此吧。

菲尔丁说："一般而言，真正优雅的品位总是与卓越的心灵相伴。"可见，品位来自内心。

在好莱坞，许多明星都有自己的造型师。明星本人可能没有那么多时间去逛店淘衣服，既然如此，为什么在红地毯上，明星们的着装依然会这样的千差万别呢？

杰西卡·帕斯特是好莱坞最红的造型师之一，在她眼中，明星们的着装差距一点也不奇怪。格温妮斯·帕特洛、妮可·基德曼那样的明星，她们知道自己适合穿什么、该穿什么，算是第一等；那些经常光顾造型师的明星，比那些给某个品牌旗舰店打个电话就买衣服的明星显得更有品位，她们可以算第二等。

好的时尚是要好的品位打底子的，时尚是表现，而品位是底蕴。衣服、手表、包、鞋子、红酒，都是身外之物，品位也来自于对这些东西的熟识与品鉴，更多的来自修养——你喜欢看书吗？你喜欢谁的电影？你听什么音乐？你热爱旅行吗？你喜欢逛博物馆吗？

卡米拉的品位曾最遭讥讽和非议，她保守的衣着、蓬松的头发，让人感觉她实在很邋遢，她也因此多次"荣登"全球女性最差着装榜。卡米拉的着装几乎和时尚沾不上边，大家也看不出来她穿的都是什么牌子的衣服，她根本就不是一个时尚的人。

然而却有专业时尚人士分析，其实卡米拉一贯设计简朴的衣着正是典型的英国乡村贵族女性的风格，是她作为一个传统英国上层社会女性优秀的品位。理由是，在英国，有身份的富贵人家大都成长在乡村世袭的土地上，他们并不关注喧嚣的所谓时尚，他们有一脉相承的自己的风格。

也就是说，从卡米拉的身份来看，她不仅品位不差，而且还相当好。

女人的品位，是时间打不败的美丽。作家黄明坚说："女人是一种指标，如果女人都散发出品位，社会自然成为泱泱大国。"

所以，品位比时尚高一点吗？也许，要高很多。

香奈儿有句名言：时尚多变，风格永存。之所以举这个例子，不是想重复说她是多么出众的设计天才，而是我们可以看看她是如何让Chanel（香奈儿）成为风格、成为品位，而不是时尚——香奈儿以她的品位，一生中曾两次准确无误地掌握时装潮流的命脉，两度把全世界女性的服装进行了全面革新。

这是一种强势的品位，香奈儿因此缔造了时尚潮流。正所谓物以类聚，人以"品"分。时尚可以让女人千人一面，而品位，却会将女人划入各个圈子和阶层。

众所周知，品位不高，不可能时尚。假装有品位，只能制造笑话。

什么是时尚？迪士尼、麦当娜、高跟鞋、猫王、HipHop（说唱）、裤脚的翻边、哈利·波特……这些光怪陆离人手一份的潮流，便是时尚。但是，我们只是这稍纵即逝的时尚潮流的奴隶吗？

我们每个人都希望受到别人的关注与欣赏，都希望过上高质量的生活，都希望拥有得体的言行举止，都希望自己光彩照人……于是，要想在芸芸众生中获得潮流的控制权，你必须具有高于别人的审美情趣——这便是品位。

被称为美国偶像的莎拉·杰西卡·帕克说："你的品位决定了你是什么样的人，决定了你特殊的社会地位与自我形象。"言下之意便是，品位用选择说话，以行动上色。无论是挑选一件衣服的品牌，还是选择一本书、一张唱片，无论是选择一种职业，还是选择一个伴侣，好品位都在影响和指导着人类行为的方方面面。你的选择决定了你是什么样的人，诠释着你的风格和举止。

每个人的着装都是有意义的，其终极目的在于彰显其主人。那么，如果我们判断失误，结果会怎么样？答案显然是残酷的。社交圈是个势利圈，人与人的接触可能只有打一个照面的时间。据说，如今社交圈里只允许花1分钟让别人喜欢上你，没人会在短短1分钟内搞清楚你究竟身价几何，第一眼的印象至关重要——在同样的时尚中，怎样显现你不同的品位，才是首先要解决的课题。

如果你自认为还算是个时尚的人，打开衣柜，看一看你收藏的那些"时尚"的衣服，也许你会找到大量自己买下的"错误选择"。那些衣服，除了可以盘点一下近年的服装潮流，真的让你后悔到要哭，你一定也会为当初穿了这样的衣服招摇过市而感到羞愧。

资深时尚评论人、英国圣马丁艺术学院的Andrew Tucker（安德鲁·塔克）就说："糟糕的是，女人们被潮流拖进了一个连环套，买了衣服，又扔掉，扔完了又买，而不愿自己被划入不美的行列。其实，美就像光从玻璃中通过不同角度厚薄及色彩，所呈现出的各种视觉效果。"

品位是会时时说话的，你的品位决定了你的选择，也决定了你在众人面前的形象，从时尚到品位，从表面到灵魂，迪奥先生说："什么让你更完美？是你的理解力。"而理解力恰恰就决定了品位。

4. 读书，最简单的美容之法

著名作家林清玄在《生命的化妆》一书中说到，女人化妆有三层。其中第三层的化妆是多读书、多欣赏艺术、多思考、对生活乐观，培养自己美好的气质和修养，充实心灵，陶冶性情……的确，读书为女人带来了最美妙的时光，当她沉浸于书海中冥想或会心一笑时，可以称得上是人间最可爱的天使。

曾几何时，我们远离了书香，或忙于工作，或忙于家庭琐事，读书已经成为一件奢侈的事情。给自己一点点时间，让自己徜徉在书的世界里，在字里行间汲取营养，为自己的人生增添一份内在的韵味。

一本好书就像一座灯塔，会在茫茫黑夜中给我们指明奋斗的方向。莎士比亚说过："生活里没有书籍，就好像生命没有阳光；智慧里没有书籍，就好像鸟儿没有翅膀。"由此可见，书籍在我们生活中多么重要。读书可以让女人更优雅，好书可以滋养人们的心灵，让你不断完善自己。

作家毕淑敏在《读书使人优美》中这样写道："读书是最简单的美容之法，读书是在聆听高贵的灵魂自言自语。想要美好的女人，就去读书吧！不需要花费太多的钱，只是需要花费很长的时间。可若能够持之以恒，优美就会像五月的花环，在某一天飘然而至，簇拥女人的颈间。"

不管是终日忙于工作，还是照顾家庭，都不该成为剥夺一个女人个人时光的理由。女人想要在岁月的冲刷中保持最初的光华，就要不断地充实思想，在床头为自己放一本书。

曾有人说，假如一个女人有十分的美丽，可若少了书的相伴，她就会失去七分的魅力和韵味。有一种女人虽算不上倾国倾城，却散发着独特的魅力，纵使素面朝天地走在浓妆艳抹的女人中间，也会格外引人注目。她的吸引力不在于外表，而在于那份深邃的气质，那份浑身流溢的书卷气息。

有这样两姐妹，姐姐身材高，脸蛋美，如花似玉，但街坊邻居觉得她有些轻浮。妹妹个子矮，鼻子塌，邻居都叫她"丑小鸭"。姐妹两人长相有很大差距，个性也大相径庭，唯一相像的地方就是两人脸上都长有雀斑。

姐姐经常去做美容，每月的工资几乎都花在了美容上。她觉得脸上的雀斑是个遗憾，想尽办法遮盖它。然而美容却遮盖不住她心中的俗气，与其交往的人不久就会厌倦她，因为她眼中除了美容就是钱。

妹妹则喜欢读书，每逢假日必去书店。她的工资除了生活中必要的花销外，几乎都用在了买书上。她读了很多书。她从英国诗人艾略特的书中品尝出人生的深奥，眉宇间增添了思考的睿智；从海伦·凯勒的书中咀嚼出战胜自我的力量，从自卑的困扰中走了出来；从中国古典名著中学会了做人的谦恭，多了一分书卷气……

时间久了，妹妹的言谈举止中自然流露出一种脱俗的魅力，连她脸蛋上的雀斑也显得很俏皮。很多人都愿意与她交往，有的人碰到难题也都爱找她帮忙，慢慢地，她的朋友也多了起来，成了大家关注的焦点。

高尔基说："学问改变气质。"读书是气质、精神永葆青春的源泉。读书又是不分年龄界限的，年年岁岁都是读书女人的芳龄。和书籍生活在一起，永远让人愉悦。知识是最好的美容佳品，书是女人气质的时装。书会让女人保持永恒的美丽，书更是生活中不可缺少的调味品，让你感在其中，品在其中，回味无穷。

当今社会，聪明的女人俯拾皆是。品学兼优、相貌端正、家世显赫、知书达理、个性温和的女子大有人在，她们不管走到哪里都是一道靓丽的风景。她们可能貌不惊人，但却有一种内在的气质：幽雅的谈吐超凡脱俗，清丽的仪态无须修饰，那是静的凝重，动的优雅；那是坐的端庄，行的洒脱；那是天然的质朴与含蓄混合，像水一样的柔软，像风一样的迷人，像花一样的绚丽……这一切都源于读书，要读书，好读书。女人修内首先要读书，读书可以汲取很多从古到今的精华。时间长了，我们的骨子里会增加更多的从容、淡定、自信与坦然，当岁月老去，收获的是从容与优雅。

她是一个很特别的女孩。无论遇到什么事，哪怕他人摆出一副咄咄逼人的架势，她也不会轻易动怒。她总是莞尔一笑，给人以岁月安好的宁静。她的心如水般平静，从不对谁说刻薄的话，也不会议论别人的是非，更不会怨恨任何人。对于情感，她像是一朵洁白的雪莲花，不会给爱情和爱人附加任何条件，爱就是简简单单，纯纯粹粹。

她的房间里有一面书墙，摆满了各式各样的书。她最喜欢的是一套《三毛文集》。她说，向往三毛与荷西的爱情，看她的文字，就像领略一段别样的旅行，字字句句都透着真善美，透着对生活的热爱。这一切，无时无刻不在敲打着她的心。

她喜欢那些有深度的作家，就像毕淑敏，向来对生命存着敬畏和关爱，教她领悟活着的可贵以及珍惜的含义。看过《预约死亡》之后，她真的去了附近的临终关怀医院，从那里走出的时候，她满眼含泪，心情沉重之余多了一份对生命的敬重。

书架上的书，是她的天堂，是她的世界。渡边淳一的《失乐园》，塞林格的《麦田里的守望者》，米兰·昆德拉的《生命不能承受之轻》，西蒙·德·波伏娃的《第二性》，鲍里斯·瓦西里耶夫的《这里的黎明静悄悄》，全是她的朋友，她的导师。

每读一本书，她都会精心写下一些感悟。这些感悟，或发在网络上，或者自己收藏。她觉得，这是心灵的收获，是生命的无价之宝。

有书陪伴的日子，她觉得生命一直在被养分滋润着，吸取着天地间的精华，让心灵开出动人的花。书，是她精神上的导师，是她心灵上的港湾，给了她一对能够自在翱翔的翅膀，也给了她水一样温婉的性情，透明却真实，温柔却不软弱。

她已经35岁了，有家，有孩子。可这一切，并没有打乱她的书香世界。她的书墙，就是她的精神领地，那是一个没有人能够占据的世界。她坚信，未来的十年、二十年，在书的滋养下，她会比现在更从容、更自信、更优雅。

书香中的女子是温和的、善良的、宁静的。书给了女人富有女人味的底蕴，给了女人温文尔雅与善解人意，令女人成为男人心目中永远的亮丽风景。

岁月沧桑，时光荏苒，时间摧毁的可能是女人的容颜，厚厚的粉底也无法掩盖逝去的青春，曾经的美丽已不再，再好的脂粉恐怕也难修饰布满皱纹的面容。但时间再无情，也削不去"书女"的风姿，也无法冲淡书香里走出来的女子的雅致和轻盈。

爱读书的女人，一定要有一间书房。那是一个完全自我的空间，在里面坐着写字、躺着听音乐、踱步看书，甚至只是面对一杯柠檬茶发发呆，打打盹儿。当然，现在书房的形态是多种多样的，不一定是单独一间房，装满书的书橱，写字台及椅子，甚至可以省略文房四宝，名人字画。在居住空间有了飞跃性改善的今天，怎样打理自己的书房，全凭自己的意愿。

一个聪明的女人懂得从书本中增加自己的知识与见识。读书的女人是有魅力的，魅力是女人的护身符，它是比美丽更有价值的东西。女人的美丽会因岁月的漂洗而褪色，花开花落终有时，而女人的魅力却会因岁月的淘洗而放出耀眼的光华，因岁月的深藏而散发出醉人的醇香。

5. 不能艳绝天下，就妙趣倾城

有不少的女人常常认为只有外貌好的女人对男人才有吸引力，事实上并非如此，大多数的男人都更喜欢和有趣的女人交往。他们喜欢用一种平等的眼光看待女人，也喜欢动用他们的智力，以一种有趣的方式跟女人们较量。

你是一个精彩的女人吗？

有人采访李银河，说起当年嫁给王小波的事，李银河说："嫁给他是因为他有趣，人生如此短暂，有趣是多重要的事啊。"

说得好，有趣多么重要呀，它比房子、车子、票子更实惠、更贴心。《超级访问》的男主持戴军在谈到他的搭档李静时讲了下面一番话："她选择做一个有趣的女人。做个有趣的女人会让身边的男人如沐春风。"

如沐春风，这个词用得好，这种感觉不是随便一个女人所具备的，它跟美貌、学识、教养都无关，只是有趣。

戴军讲了这样一件事作为佐证：有一天，李静看着电视上日日都在PK的节目，觉得实在无聊，就对先生说："我们也在家里PK一下吧。"先生疑惑地看着她。

李静说："我们在客厅里放个箱子，然后问女儿，你喜欢爸爸还是喜欢妈妈？输了的那个就拉着箱子哭着说，虽然我被PK掉了，虽然我要离开这个家，但是，我还是要对你们说，我爱你们，然后就走出门去。"

先生冷静地看着李静，一分钟后说了一句："神经病！"

但是，我相信，没人在的时候，她先生一定会偷着乐，他娶了个多么好玩的太太，可以让一个平淡的午后变得如此有趣。

在日复一日的忙碌中，我们的生活好像也变得苍白起来。不知从什么时候开始，我们竟然变得有些无趣，没什么理想，没什么激情，只是随遇而安。想一想，你有多久没有兴致勃勃地去晨练了？多久没有去图书馆看书了？又有多久没有静静地听场音乐会，没有看场电影，没有学点新东西了……每天就是上班、下班、回家，能燃起激情的事情好像越来越少。你有没有问问自己，这就是你想要的生活吗？你的初衷是要这样无趣地生活吗？

看看我们的周围，无数的人在忙碌着，在追逐名利，可是，却常常忽略了自身的精彩。我认识的一个女人，刚刚三十出头，就已经是一个主要部门的负责人了。她非常能干，常常一身职业装英姿飒爽地出现在大家的面前，永远那么沉着和冷静。她也有一个和睦的家庭，尽管工作非常忙碌，她还是有能力把家里的方方面面安排得井井有条，甚至亲戚的迎来送往，也做得无可挑剔。她在事业、家庭方面都很成功，是一个让其他女人都很羡慕的女人。可是，别人都觉得她做得很好，能力很强，面面俱到，却从来不觉得她是一个精彩的女人。和她见面之后，寒暄几句，然后就不知道再聊些什么话题。

我们身边总有一些这样的女人，她们让人无可挑剔，她们也是名副其实的好女人，可是我们从来都不会觉得她们是精彩的女人。

一个精彩有趣的女人，在我看来，是有广泛的见识，虽然对很多东西不见得精通，但是无论和她说起什么，她都懂得，而且有自己的一番见解，和她聊天，你会觉得有趣，并且总能找到共同的话题。她乐于尝试新鲜事物，并且热爱运动，从她的身上你总能感觉到一种朝气蓬勃的力量和积极向上的生活态度。她会安排好自己的生活，也总是让自己的生活不那么一成不变，总有一点小新奇，你会好奇她怎么那么厉害，什么都懂又总能让自己的生活精彩纷呈。她可以是老师、学生、商人、公司职员、记者、出租车司机或任何职业，独特的经历造就着她的丰富多彩。你每次和她在一起的时候，都能得到一些新的想法和角度。也许是你和她截然相反的观点能碰撞出一些火花，也许是被她的幽默启发出了那么一点儿灵感。

当我们和这样的女人待在一起的时候，我们不会觉得烦、闷、无趣，她们总是能发现平常生活中的一些小情趣、小感动。在我看来，这样的女人是聪明的、有智慧的，这样的女人即使姿色再平常也会给周围的人带来快乐，会让自己的生活更丰富。我也相信，可能她们不够漂亮，一定也有很多的男人被她们吸引。

享乐不该是遥不可及的梦想，应该是举手可得的快乐。享乐也和金钱多寡无关，更重要的是在于兴致和心情。生活本身就不是件易事，何不让自己随时随地拥有快乐的心情呢？

包希尔·戴尔是一位眼睛几乎瞎了的不幸女人，但是她的生活却并不是像我们所想象的那样糟糕。因为她始终坚信，不论是谁，只要她来到了这个世界上，就是合理的。用她的话说，她相信有所谓的命运，但是她更相信快乐。因为她自己就是一个在厨房的洗碗槽里也能寻求到快乐的人。

包希尔·戴尔的眼睛处在近乎失明的状态很长时间了。她在自己所写的名为《我要看》的一本书中这样写道："我只有一只眼睛，而且还被严重的外伤给遮住，仅仅在眼睛的左方留有一个小孔，所以每当我要看书的时候，我必须把书拿起来靠在脸上，并且用力扭转我的眼珠从左方的洞孔向外看。"她拒绝别人的同情，也不希望别人认为她与一般人有什么不一样。

当她还是一个小孩子的时候，她想要和其他的小孩子一起玩踢石子的游戏，但是她的眼睛却看不到地上所画的标记，因此无法加入他们。于是，她就等到其他的小孩子都回家去了之后，趴在他们玩耍的场地上，沿着地上所画的标记，用她的眼睛贴着它们看，并且把场地上所有相关的事物都默记在心里，之后不久，她就变成踢石子游戏的高手了。她一般都是在家里读书的，首先，她先将书本拿去放大影印之后，再用手将它们拿到眼睛前面，并且几乎是贴到她的眼睛上，以至于她的睫毛都碰到了书本，就是在这种的情况下，她还获得了两个学位，一个是明尼苏达大学的美术学士，另一个是哥伦比亚大学的美术硕士。

到了1943年，她已52岁了，也就在那个时候发生了奇迹。她在一家诊所动了一次眼部手术，没想到却使她的眼睛能够看到比原先所能看到远40倍的距离。尤其是当她在厨房做事的时候，她发现即使在洗碗槽内清洗碗碟，也会有令人心情激荡的情景出现。她又继续写道："当我在洗碗的时候，我一面洗一面玩弄着白色绒毛似的肥皂水，我用手在里面搅动，然后用手捧起了一堆细小的肥皂泡泡，把它们拿得高高地对着光看，在那些小小的泡泡里面，我看到了鲜艳夺目好似彩虹般的光彩。"

当从洗碗槽上方的窗户向外看的时候，她还看到了一群灰黑色的麻雀，正在下着大雪的空中飞翔。她发现自己在观赏肥皂泡泡与麻雀时的心情，是那么的愉快与忘我。因此，她在书中的结语中写道："我轻声地对自己说，亲爱的上帝，我们的天父，感谢你，非常非常地感谢你！"让我们来感谢上帝的恩赐，因为它使你能够洗碗碟，因而使你看到泡泡中的小彩虹，以及在风雪中飞翔的麻雀。

有些女人常常抱怨生活无趣，了然无味，也常常羡慕别的女人怎么有那么好的际遇，可以过着有趣丰富的生活。她们只是羡慕甚至忌妒着别人的生活，还不知道为何自己的生活会无趣。这些女人，只要能够领悟到生活无趣的根源就是自身的问题，那么她们的生活状态也一定可以得到提升。

有一些女人总会觉得有趣离自己很遥远，其实谁都可以成为一个有趣的精彩的女人，只要她多花点心思在自己身上，并且把所想的付诸行动，就可以得到一个全新的自己。

做一个有趣的女人，将会有很多人喜欢你。而能让你变得有趣的东西，是需要静下心来慢慢积累的。所以，不如放下没有艳绝天下的自卑感，做一个妙趣倾城的女人。

6. 童心不泯的女人不会老

想当一个可爱的女人，童心是必不可少的条件之一。

即使你已经是个身居高职的女CEO，或者已经为人母，也不再青春，但无论怎样，请尽量保持一颗童心。哪怕这点童心已经被身份、责任，或者其他太多的东西压制、遮蔽，而成为你性格中很少的一部分。一个女人童心闪现的时候，是她最真实，也是最具魅力的时候，而这颗像孩子般的纯真、善良和带着梦想的心，为你带来很多学历、地位、金钱所不可及的幸福感。

日本前第一夫人鸠山幸美丽而善于持家，也是一个外向而充满活力的人，她认为自己一直都"充满好奇心"，喜欢尝试任何事物。鸠山幸兴趣广泛，喜欢腌制蔬菜、制作彩绘玻璃、陶艺以及缝纫。

鸠山幸相信自己许多年前曾经乘坐UFO到访过金星。"当我的肉身入睡后，我感觉自己的灵魂乘坐上了一艘三角形的外星飞船飞往金星。那里非常美丽，到处都是绿色。"她还向人们传授了她的能量秘诀——吃太阳。"当太阳升起来时，我就会吃太阳……我会撕下一片太阳，然后吃掉。"鸠山幸随即做出凌空一抓，然后抓住什么东西往嘴里放的动作，"吃"得津津有味。面对童心未泯的鸠山幸时，很少有人能够保持一本正经的严肃表情，人们总是忍不住跟着她快乐地放飞想象力。除了可爱的孩子，还有谁能拥有这么天马行空的想象力，这么欢乐无限呢？而这个时候，你也很难把鸠山幸跟六七十岁的老婆婆联系在一起，因为她是那么可爱。

真正的童心不是矫揉造作的"很傻很天真"。童心是生活的一种态度，是生命的一种境界，是对自我的无条件悦纳和关爱，是对生活、对世界的欣赏和热爱。保留一份童心，即使女人步履蹒跚、朱颜已改，依然拥有洞察这世界的清澈眼睛，还有发自内心灿烂的笑容。下面就一起来看看女人的这些可爱瞬间吧。

可爱瞬间之一：自由的心灵让女人悦纳自我

我们习惯了成人世界的条条框框，但也为我们的心灵上了枷锁，潜意识告诉我们什么是对错，但也许事实并非如此。有时候，我们喜欢自己，是因为别人称赞自己；我们对自己不满，是因为自己的行为违反了规矩。我们的心灵因为成人世界而变得不再自由。

心灵受到约束的女人很可能不能自如地表达自我。孩子们遇到开心的事情会笑，遇到悲伤的事情会哭。他们不会介意周围世界的反应，他们只是在表达自己的情绪。相反，成人的世界就不一样，你可能渴望被别人理解，但你却不能自如地表达自己的情感。你会有很多顾虑，你心里想的是我"应该"怎么做，而不是我"愿意"怎样表达。

因此，向孩子们学习，在适当的时候为心灵打开枷锁，像孩子一样认同自己、喜欢自己、欣赏自己，从而快乐自己。

可爱瞬间之二：欣赏的情怀让女人接纳他人

孩子的心灵是宽广的，他们从不先入为主对人心怀芥蒂，也不会苛求自己和别人。在成人的眼里，每个人呈现的形态就不一样了。成人总是戴着有色眼镜看待周围的人，容易因为一个人的某一个优点就全盘接受对方，有时也会因为一个细微的缺点而全然否定他人。女人是敏感的动物，对人的感受尤为如此。出于自我保护，我们也很容易怀着一颗戒备之心，戴上伪装的面具去与别人交往。这样可能就错失了与人真诚面对的机会。

可爱瞬间之三：好奇的眼睛让女人享受生活、丰富阅历

心理学家对好奇的定义是，个体对新异刺激的探究反应。孩子的心灵是纯净的，他们拥有明亮的眼睛，并且对这个世界充满好奇。孩子们的"十万个为什么"常常让我们惊叹他们的想象力如此之丰富，好奇心如此之广泛。

每个女人的生活都应该是新鲜的、充满情趣的，好奇心则会为你增添生活的乐趣，成为你快乐的源泉。在你和一个人相处的时候，在你与自己的宠物在一起的时候，在你找寻美食小店的时候，在你试穿新衣服的时候，你不需要那么理性，你应该用你孩子般的好奇心去打量、探究这个世界，寻找属于你的快乐。如果一个女人对世界失去了好奇心，那么世界也会对她失去好奇。千万不要让你的生活变成一潭死水，只有不断追求新鲜、美丽事物，女人才会变得更好。

可爱瞬间之四：美丽的梦想给女人目标和享受达到目标的过程

孩子最初的梦想总是多姿多彩的，而且通常是发自内心的，这些梦想总是和追求美好、追求自由、追求幸福联系在一起。当一个女人有了梦想之时，就应该努力去实现这个美丽的梦，并且享受在达标过程中的乐趣。

你还记得儿时的梦想吗？你现在怀揣着什么样的梦想？也许在钢筋水泥的城市丛林中，你正期盼着骑上旋转木马；也许面对着每天来往相似的面孔，你希望得到多啦A梦的任意门，门一打开就到了另一个世界；也许面对着电脑屏幕和数字键盘，你希望去一个奇妙的异国他乡来一次旅行……美丽的梦想不是孩子的专利，只要有梦，说不定哪一天你的梦想就实现了呢！正因为现实总是从梦想开始的，所以梦想才那样可贵。

7. 高贵的调情，永远不动声色

在现实生活中，知情达意、有情调的女子总是更受男人青睐。

朋友圈子里有两个大美女Q和W，她们都是家境优越、美貌高挑、对人也亲切随和的传统好女人，但却都至今单身。不仅如此，男人对她们都是避之唯恐不及，身边熟悉的男人很少主动约她们，大多数男人给她们的评价是"缺少情调"。

她们的情调到哪里去了呢？

　　来看看她们面对男人时的反应吧！Q常常从初次见面的男人那里收到赞美，"你的腿真美"、"你是今天整个晚宴上最惹眼的女人"、"你的唇好性感"。Q最通常的反应是很冷淡，一脸的圣女贞德模样，板着脸回应道："打住！""你真无聊！"男人的赞美在Q这里，是"冒犯"和"淫荡"的同义词。她就像一只浑身长刺的刺猬，狠狠地回敬男人略带一点点调情的赞美。

　　W则正相反，面对男人无心的话语总是极其认真。男人常对她说："我从来没有见过你这么可爱的女人。""在咱这儿，你的性格、样貌都是第一等的。""你的身材真好，明星也不过如此。"W把男人的夸赞看做仰慕和恭维，她把这些男人都看做是她的裙下之臣，把普通的交往当做了爱情。而这些男人一旦发现她会错了意抽身而出时，W总是一脸委屈，楚楚可怜地四处哭诉男人的负心和抛弃。

　　两个女人的问题在于她们不懂和不会"调情"。"调情"倒过来就是"情调"。在西方，调情甚至是一种基本的礼仪和文化。

　　其实，女人的一个微妙情愫是"柔"，女人一旦强硬，便失掉了"女人味"，而调情正是介于男女感情的黑白分明中那一抹暧昧的灰。这种灰，中和了阴阳，让男人和女人在美妙而暧昧的状态下获得一种高贵和柔美的乐趣。

　　调情，总是那么美地雕刻了时光，高贵的调情永远是不动声色的。

　　往往，调情就像电影里的转场：镜头切入，一床的玫瑰花瓣，温婉的舞曲，女人和曼妙的纱衣。镜头隐黑，之后便是清晨的阳光，空静无人的铺装木质地板的房间。镜头隐黑的这段是什么？这永远是个悬念，它给你留下了足够的想象余地。男女之间的暧昧，就是这样神秘和柔滑。而又有多少女人，就是在这样的调情、暧昧之间，留下了熠熠生辉的经典？你会发现，那些美得惊人的女人，她们最美的时刻，都隐藏在情欲的背后，是花瓣绽放却又内敛的半开半合。

如果有人说你善于调情，你可能会勃然大怒，但如果说你有情调，你就会眉飞色舞。不敢坦然调情，因为在我们的习惯和印象中，它一直不是个褒义词。有态度不严肃、挑逗、轻浮，甚至有作风腐化的意味，在文学作品中常常与一些不健康和有悖道德标准的故事情节联系在一起。但是当我们在街边看到一位很有教养的男子和一个身材纤细、气质高贵的妇人彼此间话中有话，暗送秋波时，总会在心里感叹："多有情调"！或者看到一个青春阳光的小伙儿向妙龄女郎吹声口哨，同时女郎回一句意味深长的"HEY"，我们的反应是："瞧，人家多有活力，生活得多阳光！"实际上，此时的"调情"已经成了亲和力、率直、开朗、幽默、倜傥洒脱和有艺术气息的代名词。

在现今这样一个极需个性与魅力的时代，调情的作用是不言而喻的。健康的调情，就是教会男女之间如何互相尊重、体贴、爱抚、欣赏，锻炼女人的阅历经验，给你的生活带来亮色，使生活更加轻松活泼，更有意趣、更自然、更人性。

但是，并非所有的人都喜欢或懂得调情。不同的文化背景和政治背景，孕育着不同的调情文化，这也让调情演变为一种技巧，更准确地说，是一种修养。调情不是简单的说笑，不是没完没了的奉承话，下流的双关语，猥亵要求和挤眉弄眼，更不是用黄色、粗俗的话语去刺激对方。而是一门艺术，一种健康的男女关系，也是一种"调情文化"。

女人应该学会调情！比如，当你在电梯间遇见一个曾经让你心动的男人，你们不期而遇时，在眼光交会的那一瞬，你突然觉得心头一阵小鹿乱撞，红晕浮上双颊，并且口干舌燥起来。下意识告诉你这是个会为你生命增添色彩的男人，于是你舔舔双唇，含情脉脉地看着他，漾出一个甜蜜笑容后甩头转身离开。你优雅地迈着步伐款摆曲线。这时，你就可以感受到背后的他正以灼热的眼光吐露倾慕。于是，你知道自己的调情策略已大获全胜，为你的情感世界增加了一笔亮丽的色彩！

　　只有在善于调情的女人面前，男人才会懂得欣赏和爱惜女人。也只有在喜欢的男人面前，女人的调情才会更有意义！没有调情相呼应的性感，将是无限寂寞而又哀怨的。因此，新调情论调是：在一个美丽的世界里，花香，必然会招蜂引蝶；蝶舞，必然会沾花惹草。既然花园里已经争香斗艳了，为什么还要拒绝蜂追蝶戏呢？

　　女人的魅力来自哪里？不仅是来自美丽，调情会让女人更具魅力！

第四章

先有高贵的品行，
才有美丽的外表

有时候，你也会发现，美丽如此容易：一个并不完美的外表，因为美丽的灵魂，折射出的美感竟是这样动人心魄，令人匪夷所思。

1. 善良带来的美丽，持久高贵

善良是一种人生的境界，是一种对事情的高瞻远瞩，是一种从容的理解，懂得善良的女人是高贵而成熟的。

女人若是拥有了善良，就会拥有一种美好的感觉，就会拥有一种亮丽的情怀，平凡的生命也会因此生动起来，普通的世界便会渲染出迷人的色彩。

有一种美丽，是我们看不见摸不着的，它需要用心来感受，这种美丽就是善良。

莎士比亚相信，外在的相貌其实是内心世界的一面镜子：善良使人美丽。拥有一颗善良的心，远胜过任何服饰、珠宝和装扮。善良所带来的美丽，不仅发自内心，溢于言表，并且持久高贵。所谓相由心生，说的就是一个人的相貌是可塑的，人的心灵对他的外表有很大的影响，我们可以用自己的行为和思想来改变自己的相貌。

曾经在报上看过这样一篇文章，内容大概如下：妈妈去上公厕了，妞妞头上戴着爸爸昨天给她买的生日礼物——一个红红的蝴蝶结，站在马路边静静地等待。一位拾破烂的中年妇女向妞妞讨水喝，妞妞连忙很有礼貌地把手中的矿泉水给了她。中年妇女一饮而尽后用手"摸了摸"妞妞的头，说："你是个美丽而善良的好孩子！"妈妈出来后，立刻察觉到妞妞头上的蝴蝶结不见了，而此时妞妞还沉浸在刚才的快乐中，把事情高兴地讲给妈妈听。妈妈最开始沉默不语，随即提出要带她去买新衣服。

来到商店，妈妈趁妞妞试衣服的时候又悄悄地买了一个红蝴蝶结。妈妈回来时，妞妞已在照镜子时发觉蝴蝶结不见了，投进妈妈怀里哭泣，并说一定是那个中年妇女偷的，这时妈妈则从包里拿出刚买的蝴蝶结说："傻孩子，妈妈是见你又蹦又跳的，怕你弄丢了这件生日礼物，所以才趁你不注意取下保管的。这都怪妈妈，没有及时告诉你。"妞妞的小脸蛋马上雨过天晴。晚上，妞妞戴着蝴蝶结进入梦乡，半夜，她竟意外地说起梦话，很清楚的几个字："我是个美丽而善良的好孩子……"

就是这么一件本不好的事，妈妈的举动却使女儿永远地沉浸在阳光里，让她看到的是真诚、善良和美好。这是一位多么有智慧的母亲，一种多么理智的母爱啊！可能那位中年妇女的一句夸赞来源于虚假与邪恶，但在妞妞的回忆里将永远是美丽与善良！

有时候，你也会发现，美丽竟能如此容易：一个并不完美的外表，因为有了美丽的灵魂，折射出的美感竟是如此动人心魄。而一个人，不管是否漂亮、是否聪敏，若其心底盘着一条毒蛇，无论如何也难以让人喜欢。

心里的瑕疵是真的污垢，无情的人才是残缺之人，善即是美。

善良的人外表并不一定美，他的美在于内心。有句话说得好："人不是因为美丽而可爱，而是因为可爱而美丽。"善良，可以使一个相貌平平的人增添几分可爱，几分美丽。善良，可以给一个女人增添几分"女人味"。女人，可以不漂亮，但不可以不善良。

善良能使人美丽，美好的品行能帮你塑造美好的外貌。你做过的事，说过的话，动人之处都会存在心里，点点滴滴积累起来，渐渐改变你的眉目、鼻子和嘴巴，慢慢地令你周身透出可亲、动人和美丽的光芒，充满迷人的魅力。真正的美，是从心灵深处散发出来的，它是善的代名词。这样的美才会热烈、持久，不管你是18岁还是80岁，都一样充满迷人的魅力。

《巴黎圣母院》中的卡西莫多是世界文学史上的一个著名的丑人，但在读者和观众看来，他实在要比那位卫队长和祖父美丽得多。读者和观众之所以会有这样的审美感受，显然是因为他奋不顾身的善良。

至于生活中不断涌现的舍己为人者、无私奉献者及至慈善家们，他们更是因为善良的品性与行为，而令我们深觉可爱可敬！是他们撑起了我们生活中的美丽，令我们在遭遇丑恶时有助，并确信阳光是不会消失的，且明日更加灿烂！

美丽的人或许不善良，但善良的人一定是美丽的！

2. 豁达从容，宁静淡泊

在人生中，我们总是向往幸福。可以说幸福是女人一生都在追求的目标，但是真正的幸福又是什么呢？是奢侈的物质享受还是丰富的精神享受？是拥有一个幸福的家庭还是拥有一份成功的事业？其实，幸福并没有固定的标准，也没有固定的模式，它来自女人内心深处的一种感觉，它隐蔽在生活的每一个细节当中，同时，它也存在于每一个人的心中。当我们不再去计较得与失、对与错、名与利时，幸福已悄悄降临。

话说师徒二人东游，来到一个地方感觉腹中饥饿。师父就对徒弟说："前面有一家饭馆，你去讨点饭来。"徒弟领命到了饭馆，说明来意。

那饭馆的主人说："要饭吃可以啊，不过我有个要求。"

徒弟忙道："什么要求？"

主人回答："我写一字，你若认识，我就请你们师徒吃饭，若不认识乱棍打出。"

徒弟微微一笑："主人家，恕我不才，可我也跟师父多年。莫说一字，就是一篇文章又有何难？"

主人也微微一笑："先别夸口，认完再说。"说罢拿笔写了一"真"字。

徒弟哈哈大笑："主人家，你也太欺我无能了，我以为是什么难认之字，此字我五岁就识。"

主人微笑问："此为何字？"

徒弟回答说："不就是认真的'真'字吗。"

店主冷笑一声："哼，无知之徒竟敢冒充大师门生，来人，乱棍打出。"

徒弟就这样回来见老师，说了经过。大师微微一笑："看来他是要为师前去不可。"说罢来到店前，说明来意。

那店主一样写下"真"字。

大师答曰："此字念'直八'。"

那店主笑道："果真是大师，请！"

师徒二人就这样吃完喝完不出一分钱走了。

徒弟不懂，问道："老师，你不是教我那字念'真'吗？什么时候变'直八'了？"

大师微微一笑："有时候的事认不得'真'啊。"

在男女的爱情中，可能最需要的就是妥协与不较真。爱之火把两个人烧得傻里傻气，呓语连篇。男人发誓说："我要把月亮摘下来给你梳妆！"女人相信了。男人又发誓说："我要把星星摘下来做你的项链!"女人又幸福地相信了。对于爱恋中的女人,男人的誓言就是甜蜜的明天,她们明白摘月亮摘星星是一堆永远实现不了的空口诺言,但她们更明白这是男人们许诺给她们的体贴和温暖。

其实,仔细想想,男人的爱情誓言差不多全是虚无缥缈的。如果女人认起真来,略加考证便可将男人的许诺驳得片甲不留。但女人竟然乐于相信和默认它。不得不承认,女人的这种不较真,某种程度上体现了女人的精明。她们面对男人那一堆的爱情诺言不作批驳,反而十分认真地从中寻找被爱的温暖和幸福,她们一方面佯装糊涂,一方面却又体味着爱情的甜蜜。

有一位女士,如今已是不惑之年。人们都称羡她的清醒和聪慧。可她先后谈了不少男朋友,到头来还是孑然一身。男友向她许诺:"房子问题很快就解决了。"她便会深入男朋友的单位调查,然后批驳说:"分房子根本就没考虑你!"男友向她许诺说很有可能要提升,她又进入他的办公室左论右证地考察,最后又批驳:"你根本不用抱幻想。"于是她的男朋友像走马灯似的换了又换。谈到她的婚姻,大家都喟叹说"她太较真了"。

"水至清则无鱼",同样适用于爱情,太较真了也许就没有疯疯癫癫的爱情了,我们汉字的"婚"字,拆开来看,就是一个"女"字和一个"昏"字,这很让人玩味。假若女人不昏了头,不昏得稀里糊涂,说不定这世上就没有爱情和婚姻。

世事沉浮,婚姻情爱,女人们还是别那么较真的好。

让我们做个不较真的幸福女人吧!面对爱情,我们不去讲道理、不去计较对错,爱情来时好好珍惜,爱情走时洒脱放手,不求华丽的居舍,只求与爱人分享生活中的点点滴滴。面对生活,我们豁达从容,宁静淡泊，不会带着"放大镜"去吹毛求疵，追求完美。面对自己，我们轻松快乐，不偏执苛责，可以伤心，可以流泪，但永远不会丧失信心和勇气。

有了如此不较真的人生态度，我们的生活就是幸福的。这种幸福淡淡的，给我们以宁静，给我们以平和，让我们在如水的生活里活得简单而有滋味。

3. 不完美才是真的美

喜怒哀乐、酸甜苦辣组成了绚丽的人生和多彩的世界。因此，人生不必苛求完美。生活的最大魅力在于无法预知即将发生的一切，但我们却可以把握人生态度。坦然地接受遗憾，乐观地憧憬未来，才会让我们拥有精彩的每一天，或许也会收获生活带来的"意外之喜"。

美国波士顿女性健康中心的专家指出，全美约有一半女性有不同程度的完美主义的心态，女人们总是把追求完美当作一种成就。

女人比男人更容易要求完美，女人竭尽全力修炼内功，以为自己做得越多越好，就越成功、越有价值。女性的整体素质不断提高，而社会也将这视为对女性的一种赞赏。于是，我们看到很多女人，尤其是那些"三高"女性：在单位，她们可包揽同事因病假耽误的所有工作；下班回家，她们要辅导孩子的功课，并让孩子品学兼优，兴趣广泛；晚上，她们还可以为丈夫的事业出谋划策……每一件事情她们都要亲力亲为，不论工作生活甚至感情，她们都希望做到最好。

女人这样完美起来很恐怖。北京大学精神卫生研究所的调查显示，

25~45岁的女性，多数期望完美，这部分女性普遍压力很大，来自生活、工作、社会的压力，使她们的神经极度紧张。尤其在遭遇不顺心的事情之后，会产生情绪低落、沮丧、忧郁等不良情感。其中有10%的人正在遭遇抑郁、暴饮暴食和企图自杀等状况，却不为外人察觉和警惕。

德国心理学家罗尔夫·默克勒表示，女性完美主义者往往缺乏自尊自信，需要通过他人的认同来证明自己。要改变这样的现状，女性需要找到原因，对自己和别人少提些要求，跨出完美怪圈。

现代女性有了更多展现自我的机会，女性的成就欲望也日益增强。尤其是职业女性，总是希望自己在事业、家庭、情感等方方面面都能表现出色，所以会竭尽全力地修炼自己。于是，女性的整体素质不断提高，社会对女性的要求也水涨船高，做"完美女人"的呼声此起彼伏。

在这片呼声中，女性开始变得对自己越来越苛刻，越来越无法容忍自己身上的"不完美"之处。充电的人多了，做美容的人多了，有心理问题的人也越来越多——她们担心职位是否稳固、情感是否长久、收入是否够用、人际是否良好等。诸多的焦虑令女性危机四伏，苛求完美带来的最直接后果，是自我不满和否定，甚至失去自信。

女人们应该认识到，"完美"是相对的。真正的完美，其实取决于我们的态度——当我们对自己、对别人宽容时，当我们愿意从各个角度看问题、接纳问题时，人生的美好就会不请自来。人生的真正意义不是成功，而是幸福。

我们能做和该做的是：全面地评估自己、了解自己，不断加强自我肯定，解决可以解决的问题，接纳暂时无法解决的问题，让人生在自我把握中循序渐进。

如何摆脱完美主义的枷锁，以及给你生活带来的压力和阴影，方法非常简单。

学习过健康的生活

选择自己喜欢的健身班进行锻炼，或养成晨跑的习惯，矫健的身影和红润的脸色会比任何粉妆更使你年轻生动；工作之余逃离城市，让自己以最自然的状态亲近自然，要学会享受阳光，热爱生活。

学会换个角度看问题

从心理上承认有不完美才是真正的人生，生活绝不可能一帆风顺，遇到挫折和处于低谷时，自信和乐观尤为重要，切不可自暴自弃。正因为生活中有让你感到沮丧、绝望的问题，你才会付出更多努力，才更懂得珍惜所得到的，即便事情不尽人意，即便失败，但那和成功一样构成你丰富的人生体验，那才不枉活一世。

不要对自己过分苛刻

工作上给自己定一个"跳一跳，能够着"的目标，只要对得起自己的努力和良心，不要太在意上司和同事对你的评价。否则，遇到挫折就可能导致身心疲惫。不要为了让周围每一个人都对你满意而处处谨小慎微，还是要有点"我行我素"的气魄。不然，让所有人都满意，唯独自己不满意，对你又有什么好处呢？

不要让自己的完美主义倾向变成负担

每个人或多或少都有一些完美主义倾向，其实并不需要太过担心。应该看到完美主义的你有着众多的优点，比如严格自律、意志坚定、执着、周到、组织性强。这些优点只要发挥得当，不要只重细节而忘了主要目标，你绝对是一个训练有素的人。

承认不完美，但快乐地追求完美。不完美但是快乐，这样的心态才是至尊法宝，才能引领我们一步步接近相对的"完美"。

4. 真诚的女人是上帝最精美的艺术品

在女人的品质里，"真"占据了首要的位置。"真"是美的基础和前提，是一个女人魅力最重要的组成部分。真实，真诚，真心。

一个真实、真诚的女人，本身就是上帝最精美的艺术品。曾经打败过拿破仑的库图佐夫，在给叶卡捷琳娜的信中说："您问我靠什么魅力凝聚着社交界如云的朋友，我的回答是'真实、真情和真诚'。"

女人只有用一颗真诚的心与人交往，才能换来彼此的心灵相通，去除人为的隔膜，坦诚以待。真诚是一笔宝贵的财富，拥有这笔财富的女人将是这个世界上活得最自在的人。同样，女人的语言魅力源于真诚。

比如说，清晨，曙光熹微，朝霞满天，预示着新的一天的到来。不管你昨天有多累，在早起后，在这新的一天里，都要精神抖擞地向你周围的人真诚地问声："早上好!"

真诚的语言虽然是朴实无华的，但却是最感人的。

有家电视台播放过一个节目，中国女足在一次比赛中获得较好的名次，记者向运动员问道："你们得了亚军后心情如何？你们是怎么想的?"其中一名运动员不假思索地回答道："我想最好能睡三天觉!"这样的回答让人有些出乎意料，但它质朴、没有任何修饰成分，全场顿时爆发出一片赞许的笑声和掌声。如果这位运动员"谦虚"一番，讲一通"我们还有很多不足"之类的话，可能就没有如此强烈的反响了。

情深，才可惊心动魄。语言真诚，即使几句简单的话，也能引起听众的强烈共鸣。

真诚的人是让人信任的，一个真诚的女人更容易博得众人的好感。女人会因为真诚而美丽，善解人意、真诚的女人会有更多的人喜欢与之交往，因为她们值得依赖。

真诚是要付诸行动的，而不是嘴上说说而已。好听的话每个人都会说，看一个人真实与否，最重要的是看她为人处世的态度。一个人的行动往往能表现出她的内心，所以一切的伪装总有被别人看穿的时候，与其那样，不妨拿出一颗真心去换取别人的信任。

如果你希望别人喜欢你，就必须真诚地付出你的关怀。你越真诚，别人就会越喜欢和你交朋友，你与他人的关系越亲密，你们之间的感情就越深厚。真诚地付出关怀真的能敛聚很多人气。

真诚地付出你的关怀并不是很难，最基本的有以下几点：

一是说话不要"拐弯抹角"

在和朋友交流的过程中，即使你和对方的意见和看法不一样，也不要隐瞒和矫饰，更不要随声附和，或者"拐弯抹角"。因为，这样不仅不利于和对方顺畅地沟通，还会给人不诚实和生分的感觉。

纵然在指出朋友缺点和批评朋友过失的时候，也应该真诚而明白地指出来，这样不仅不会伤害对方的感情，反而有助于增进友谊和加深关系。

二是赞美但不要奉承

当朋友事业有成或者有什么高兴事时，在适当的场合和时间给予真心诚意的祝福和赞美，并与之共同分享快乐，但是千万不要认为所有的好听话都会受到欢迎。其实，一个人真正想从朋友那里得到的是善意的忠告和警诫，而不是华而不实的恭维话。很多人就是从别人说的话中来判断是否和对方成为朋友的。

三是安慰并给予实际的帮助

当别人遇到困难的时候，给予亲切的安慰和实际的帮助更能体现一个人的真诚。当对方心情不好或者遇到麻烦的时候，如果你说的既不是安抚和宽慰对方的话，也不是帮助对方解决问题的建议，而是些不着边际或者无关紧要的话，那别人肯定会觉得你是一个"事不关己，高高挂起"的冷漠者。你怎么对别人，别人也会怎么对待你，从此以后，你就不要指望别人会真诚地对你了。

四是站在别人的角度上思考

不要只想着从别人那里得到关怀，应该多为别人考虑。在你说一句话、下一个决定、做一件事情的时候，尽量站在别人的角度上思考一下，学会顾及别人的感受，衡量别人的得失。只有这样，你才不会伤害到别人，别人也会因此对你心怀感激，把你当做好朋友。维也纳心理学家爱佛瑞·艾德纳，在其著的《人生真义》一书中就曾说过："只有不懂得关怀别人的人，其生活才会面临真正的痛苦，甚至伤及他人。人类之所以充满失败，正是由这些人所造成的。"

5. 不抱怨命运的不公

生活不会辜负认真对待它的每一个人。只要坚持不懈地努力，就算无法实现最初的梦想，但生活同样会给他一个额外奖赏。实际上，我们要做的只是停止抱怨，适当修正自己的目标，并且加倍努力地去行动。

比尔·盖茨说过："人生是不公平的，习惯去接受它吧。请记住！

永远都不要抱怨！"生活不可能绝对公平，每个人来到世上，都会和别人有所不同，比如出身背景、家庭关系等，这种"不公"是我们从出生开始就必须接受的。

其实，怨天尤人、不肯正视现实的人们，总是站在自我的角度上思考问题，所以总觉得这个世界不公平。但对于那些努力拼搏的人来说，"不公"的存在只能决定他的起点，却不能决定他的终点。

狮妈妈的孩子被一个猎人给捉走了，不幸的它愤怒咆哮，整个丛林中的动物都吓得战战兢兢。

夜又黑又静，在这里，妖魔仿佛都在施展各种法术。狮妈妈的一声声哭嚷，使得每一只动物都不能安然入睡。最后母熊实在忍不住了，开口对它说："我只想问问您，那些所有到了您口里的其他动物的孩子，它们难道就没有爹妈，是从石头缝里蹦出来的吗？"

"它们有啊！"

"如此的话，它们中的任何一位死去后，也没见谁的爹娘为孩子的死闹得大家头昏脑涨。既然这么多的母亲都能忍气吞声，狮妈您就不能少哭闹一点吗？"

"哦？我惨遭如此不幸，要我完全不作声？我失去我的儿子后，我的晚年将是多么的痛苦和孤独啊！"

"请您告诉我，谁让您遭受如此不幸的啊？"

"这是仇视我的命运女神和我故意作对，是它们成心想与我过不去……"狮妈妈仍不停地抱怨。

狮子妈妈失去了自己的孩子，不停地抱怨命运对它不公，令周围的动物深感厌恶。试想一下：未来的某天，它在丛林中捕捉到鲜美的猎物，那一刻的它是否又会感谢命运对它的垂青呢？这则寓言故事告诚女人：人之所以常常抱怨命运不公，是因为对自己的处境总是抱着一种悲观的态度，而不会用乐观和快活的心去面对生活。

其实，爱抱怨的人都有一个共同的特点，就是认为自己应该顺风顺水，天经地义地去享受美好生活。而且，根本不需要付出太多的努力，或者认为自己付出一点努力就应该有所收获，一旦得不到预期的回报，他们就会怨天尤人，仿佛自己是最不幸、被生活抛弃的那一群人。

这时，抱怨成了他们逃避现实的隐蔽工具。越是这种时候，我们越要学会接受现实，适应现实。要鼓起勇气，把一切"不公"甩在身后，努力创造不一样的生活。只有那些缺少自信、没有安全感、质疑自己的重要性、不确定自我价值的人，才喜欢用抱怨来逃避现实。

人生是一张单程车票，所有走过的、经历过的都已经成为既定的事实和历史。如果这些事实是美好的，人们都愿意快乐地接受；如果这些事实是残缺的，不幸的，甚至还带着伤害、眼泪，人们就会从心里排斥它们，陷入懊悔、自责、失望的深渊中。然而，无论你是主动接受还是被动接受，这就是生活的真实面目，谁也无力更改。

有则成语叫做"木已成舟"，听到这个词，多少会让人感到有些无奈，但是一块木头既然已经成舟，就意味着它"放弃"了其他所有可能的命运，它只能以舟的形式存在世上，就算不喜欢，甚至厌恶，也无济于事。面对那些"木已成舟"的事实，再多的抱怨也枉然，我们能做的就是接受生活的现实。

冰冰和姗姗都是某房地产公司的内勤职员，受金融危机的影响，公司决定裁员，她们都没能逃脱这一厄运。公司规定，她们要在一个月之后离岗，听到这个消息时，她们的眼圈都红了。

第二天早上，冰冰的情绪仍然很激动，同事和她打招呼，她爱搭不理的样子，说话也总是"带刺"，她不敢直接找老板，只能向办公室主任与同事发牢骚："我做错了什么？凭什么把我裁掉，这对我不公平！"她声泪俱下的样子，惹得周围的人心生同情，但无论大家怎么劝慰她，也没有用。她一天下来，只顾着到处伸冤诉苦，连本职工作都忘了，包括传送文件、收发邮件，甚至把订餐都耽误了。冰冰过去在公司是个很有人缘的女人，可现在她整天愤愤不平的，同事们不再像以前那样喜欢和她接触了，甚至有点讨厌她。

姗姗在看到裁员名单后，回家哭了一个晚上，但是她第二天上班的时候，和以往没有什么区别。同事不好意思再吩咐她做什么，但她却主动揽活，面对大家同情而惋惜的目光，她总是淡然一笑，说自己想站好最后一班岗。每天上班期间，她仍旧很勤快，随叫随到，力求做好分内的事。

一个月的时间很快就到了，冰冰如期下岗，而姗姗却被从裁员名单中删除了。主任在办公室里向所有同事传达了老总的话："王姗姗的岗位，谁也无可替代！像她这样的员工，公司永远都不嫌多！"

女人在面临困境的时候，不要抱怨命运，因为抱怨会让你的内心痛苦不堪，而且在怨天尤人的情绪中，事情也只能越变越糟，甚至错过了解决问题的机会。面对不幸和挫折，要学会不断地捕捉生存智慧，承受苦难，直面打击，这样才能够在挫折中成长起来，把握自己的命运。

上帝在你面前把一颗石子扔进乱石堆，你很难再找到它；如果他把一块金子以同样的方式扔进乱石堆，你很快就可以将它捡起。所以，当你还是一颗石子的时候千万不要抱怨命运不公，要学会在平凡的生活中磨砺自己的意志和品格，努力把自己打磨成一块闪闪发光的金子。无论什么时候，什么人都无法掩盖你灿烂夺目的光辉。

6. 对工作倾注极大的热情

女人，你该知道，任何工作都是为自己做的，无论这份工作怎样，你都要感谢为你提供工作的这个公司。

职场上，男女都一样，需要不断在工作中积累经验。只要你积累的经验越多，你得到的回报也会越高。反之，一心只想着为养家糊口工作，这样的女人，一在职场上遇到事情，就容易产生抱怨的情绪，她们的气质也很难优雅、高贵起来。只有对工作倾注极大的热情，你才能自带光芒。

1883 年 8 月 19 日，法国的卢瓦尔河畔的索米尔小镇上，香奈儿出生了，她的全名是加布理埃勒·香奈儿。香奈儿 12 岁时，母亲去世了，她在孤儿院度过了黯淡的少年时光。17 岁时，她来到另一个小镇，进入了修道院。在那时的法国，妇女的地位十分低下，一个女孩想在社会上生存是非常艰难的。孤儿院的生活使香奈儿明白，高超的针织手艺对于女性而言非常重要，她可以通过做针线活来养活自己。于是，18 岁那年，她进了一家商店做助理缝纫师。

早年的艰难生活给香奈儿的服装理念打上了深刻的烙印。周围的成年妇女穿的工作服使她相信，妇女需要的不是烦琐的装扮，而是适合她们日益活跃的生活方式的宽松舒适的衣衫。香奈儿认为："女人为造成她们举止不便的服饰所束缚，从而被迫依赖于仆人和男人。"

孤儿院穷苦的生活渗入了她的设计风格：朴素端庄、简明大方。她开始设计黑帽、白色短衫、领口系雅致的黑领结、简单素洁的短上衣。在她工作的小镇上，有许多驻兵，尤其是那些朝气蓬勃的骑兵制服给她留下了深刻的印象，这无疑也成为此后几十年里著名的镶边服装的灵感来源。

20多岁时，香奈儿遇上了富有的骑士卡佩尔，1908年，在这个人的资助下，香奈儿开了第一家帽子店，她的帽子宽大实用，受到了许多女性的欢迎。

1912年，趁热打铁的香奈儿又在法国上流社会的度假胜地——诺曼底海边小城开了自己的第一家服装店。很快，她极富个性的运动衫、开领衬衫、短裙、男式雨衣就受到了时髦女郎的关注。为了扩大宣传，香奈儿让自己的姐姐穿上自己设计的新式服装，到城里最繁华的地方吸引女性们的注意，这差不多是最早的一种广告形式了。

1918年，香奈儿的亲密爱人卡佩尔因车祸遇难，但香奈儿依然坚强地发展自己的事业。1924年，她推出了著名的黑色小礼服，掀起了世界服饰的革命。她强调的是舒适性、方便性和实用性。在第一次世界大战期间，男士上战场，女性担负起持家的责任，职业女性渐渐兴起，因此需要较实用的服装，香奈儿的服装正好符合这个趋势，她的事业因此蓬勃发展。

第一次世界大战后，香奈儿认为手工定做服装不适合大众需要，虽然当时手头上有约200位名女性客户的订单（包括伊丽莎白·泰勒、英格丽·褒曼），但她还是决定投入成衣市场，这一决定让香奈儿的企业成为了数一数二的服饰大企业。

在服饰行业取得了巨大成功后，香奈儿没有满足于这个成绩，自1920年开始，她便开始提倡整体形象，这当然是从头到脚，还包含配饰、化妆品、香水。对她来说，一个女人不该只有玫瑰和铃兰的味道，香水能增添女性无穷的魅力。于是，她推出了"香奈儿5号香水"，这是第一支由服装设计大师推出的世纪经典香水。当著名的好莱坞影星玛丽莲·梦露用性感而充满磁性的声音对全世界说："夜里，我只'穿'香奈儿5号"时，全世界都为之疯狂了。

蒙田声称："没有热情的人一无是处。"一个充满热情的女人,她的感知能力会增强,视野会扩大,能够看到别人无法洞悉的美丽与优雅,她工作生活中的劳累、艰辛以及烦扰都会消除。

其实,每个人都会遇到这样的问题——是谁偷走了我们工作的激情?热情的消失几乎是每个年轻人工作时必然会遇到的问题,因为工作日复一日、年复一年,上班下班总是忙忙碌碌,似乎找不到多少不平凡的东西。

很多时候,女人觉得工作不顺心了,首先做的不是调整自己的心态,而是用"我只是个打工的,我是在给别人干活,我没有必要操那么多的心"这样的话来安慰自己,或者是用来寻找心理上的平衡。

这种想法对女人的发展很不利。其实,工作是可以互利的,只有把工作当成是自己的,你在工作的时候才会更有拼劲,发展得也会更快。

如果把"我是为给别人工作的"改成"我是给自己工作的",你就会发现,原来很枯燥的工作也会有很多乐趣。为自己而工作,为升职而兴奋,为发奖金而快乐,这样的女人才是最有拼劲、最有魅力的。

女人如果总想着为了父母、爱人、孩子而活,那她的生活永远都不会有波澜,有的只是疲惫和找不到人生方向的迷茫。这样的女人总是活在无限的抱怨和痛苦中。

但是,如果女人想着是为自己而活,想着工作是为了自己理想中的事业而奋斗,为了自己的目标每天进步一点点,过自己想要的生活,那么,枯燥的职场也会变得丰富而精彩。

总之,女人要有自己的定位,调整好心态,为自己而工作,而自己而活,活出自己的价值,这样的女人才最有气质。而那些慵懒盲目地活着的女人,她们的气质和她们的人生一样,没有任何魅力。

7. 美丽来自欣赏，而毁灭来自妒忌

古希腊哲学家说："嫉妒是对别人幸运的一种烦恼。"如果一个女人总是觉得别人的日子过得比自己好，那么，这样的生活肯定不会让她感到快乐，也更加谈不上幸福。

张野和王楠是某名牌大学心理学系的研究生，平时关系不错，做什么事都喜欢在一起，堪称该系的一对姐妹花。不过，由于两人成绩不相上下，也都长得很漂亮，因此，她们常常暗中较劲儿。

到了研究生第三年的时候，两人都参加了托福和 GRE 考试。王楠考试时发挥出色，成绩很不错，遂向美国一所著名大学提出申请，不久就被告知每年可获得近两万美元的奖学金。王楠高兴万分，等着校方的正式录取通知。

张野考砸了，看到王楠整天兴高采烈的模样，心中十分不快，她越想越生气，就想出了一条毒计。

王楠望眼欲穿，却迟迟等不到校方的正式通知，就托在美国的同学去该校询问原因。校方说，她们曾经收到她发来的一份邮件表示拒绝来该校，因此校方将名额转给了别人。王楠得到消息，如五雷轰顶，冥思苦想这到底是怎么回事。

后来经过多方调查，王楠才发现是张野盗用了她的邮箱，在机房偷偷给该校发了一封拒绝函。王楠怀着愤怒的心情，将张野告上了法庭。

一旦我们被嫉妒的毒蛇缠上，生活中就会有很多事能引起我们的不平和愤恨：

别人衣着比自己的光鲜，我们会愤愤不平；

别人比自己多和上司说了一句话，我们会郁闷一整天；

别人的男朋友比自己的男朋友帅，我们会恼怒不止；

……

我们会因为无法容忍日常生活中的每一件事而时时刻刻心情烦躁，终日饱受嫉妒的折磨，最后被它灼伤。

嫉妒心理总是与不满、怨恨、烦恼、恐惧等消极情绪联系在一起，因此，我们要控制好自己的情绪，不要让嫉妒掌控我们的思维，做出一些伤害别人的事情，破坏自己的人际关系。

生活不相信嫉妒，你的价值不会因你的嫉妒而增加，你却会因为嫉妒而影响到自己的心情和声誉。这种不良情绪是心灵的毒药，是进取心的杀手，如果不注意控制，最终不但苦了自己，还会殃及无辜。

适度的羡慕是可以理解的，但过度的羡慕很容易就会变成嫉妒，所以，我们需要格外注意。幸福是一条很长的路，需要我们永无止境地修炼，保持豁达的心情。

如果我们能以一颗"不动之心"清除嫉妒的污水，挥散烦恼的黑烟，就能获得清净，获得欢喜。

宠辱不惊，才能笑看庭前花开花落，漫随天外云卷云舒，闻到心底的芬芳。

第 五 章

你会不会因为声音，
爱上一个人

优雅的谈吐就像整洁的仪表，会使人觉得十分愉快。如果你能习惯运用文雅的辞令，即使偶尔开个玩笑，说些俏皮话，对方仍旧能够感受到你内在的涵养、气质，而乐于与你交谈。

1. 培养良好的说话风度

　　一个女人所说的话是否有魅力，直接影响到她是否对对方具有吸引力，也关系到她是否具有良好的人缘，同时还影响到她能否自如地与别人交谈，并表现出足够的自信。谈吐优雅的内容是十分广泛的，所说话的内容，说话时的选词造句，说话的语气、语调，说话时的身姿、手势、表情等，诸如此类的种种因素都可以反映出一个女人是否有魅力。

　　态度大方、谈吐优雅的女性，身上仿佛有一种神奇的"气场"，即使初次见面的人，也会被她吸引，而她本人也会因之拥有更好的舞台和更大的空间。

　　要想做一个有魅力、谈吐优雅的女性，首先就必须培养自己良好的说话风度。所谓说话的风度，是一个女人的内在气质在言语上的表现，是一个人的涵养的外在表现。使自己说话具有风度，是增强说话魅力的重要途径。良好的说话风度，往往具有很大的吸引力。但是同时要注意，不要为了风度而风度，结果让自己反而显得矫揉造作或搔首弄姿，毫无风度可言。你应该按照自己的个性、身份，以及说话的对象和说话的场合，适宜地讲究自己的风度。

　　林徽因被后人喻为"一个人文符号"，是"中西文化的完美融合"和"中国知识女性的杰出代表和光辉典范"，这和她优雅的谈吐是分不开的。

　　林洙在《梁思成、林徽因与我》一书中写道："梁家每天四点半开始喝茶，林先生自然是茶会的中心，梁先生说话不多，他总是注意地听着，偶尔插一句话，语言简洁、生动、诙谐。林先生则不管谈论什么都能引人入胜，语言生动活泼。她还常常模仿一些朋友们说话，学得惟妙惟肖。她曾学朱畅中先生向学生自我介绍说：'我（é）知唱中（朱畅中）。'引起哄堂大笑。

"有一次她向陈岱孙先生介绍我说：'这个姑娘老家福州，来自上海，我一直弄不清她是福州姑娘，还是上海小姐。'接着她学昆明话说：'严来特使银南人！'（原来她是云南人！）逗得我们都笑了。"

可见，林徽因在"客厅"里是幽默风趣的，她的幽默风趣使大家获得了一种空前的放松与释怀，尤其是在那样的灰色岁月中，这种不同寻常的谈吐给大家留下了良好的印象。

林洙在书中说："她是那么渊博，不论谈论什么都有丰富的内容和自己独特的见解。一天林先生谈起苗族的服装艺术，从苗族的挑花图案，谈到建筑的装饰花纹。她又介绍我国古代盛行的卷草花纹的产生、流传；指出中国的卷草花纹来源于印度，而印度的来源于亚历山大东征。她指着沙发上的那几块挑花土布说，这是她用高价向一位苗族姑娘买来的，那原来是要做在嫁衣上的一对袖头和裤脚。她忽然眼睛一亮，指着靠在沙发上的梁公说：'你看思成，他正躺在苗族姑娘的裤脚上。'我不禁噗哧一笑。"

优雅的谈吐蕴含着丰富而广博的知识，这个有才华的女子把渊博的知识与她幽默风趣的个性恰到好处地融合到了一起，令人难忘。

其实现代女性在打造自己的形象、把大把时间花费在服饰与美容上的同时，还应该培养得体优雅的谈吐，在人际交往时增添女性的魅力。优雅的谈吐是女人内在精神气质与修养的外射，它更能表现一个女人的良好气质，从而给人留下深刻而美好的印象。

　　蒙娜丽莎的微笑成了一个永恒的经典，它告诉人们，优雅是一种永不过时的时尚。法国有句格言说得很好："优雅是年龄的特权。"其实女人更应该如此，随着年龄的增长，女人在变老中应该掌握优雅的艺术，从而消除岁月对青春的侵袭，通过优雅的谈吐让自己更加出色，变得更加迷人。

　　优雅的谈吐是女人的制胜法宝，不管是在职场，还是在日常生活中，它都会为女人提升人气、增加气场。

　　的确，讲话也是一门艺术，这就要求女人们学会塑造自己，学会讲话。那么，谈吐优雅需要我们注意哪些细节呢？这可能没有一个标准的答案，我们且借着林徽因的成功经历，给大家提供一些借鉴。

　　女人要想练就优雅的谈吐，首先态度要诚恳，保证在向人传递思想感情的时候，别人收到的是真诚的信号，别人的内心是舒服而愉悦的，因为它代表了对对方的尊重。我们在向别人表示祝贺或者赞美时，如果嘴上说得妙不可言，但透过表情却流露出冷冰冰的态度，别人不但不会"领情"，反而会觉得你只是在敷衍他而已，那么你在他心目中的印象分是很低的，他可能已经把你否定掉了。

　　其次，女人在谈吐中还是要发挥自身优势，比如饱含温情。把自己的温柔体现在语言里，让人如沐春风，让大家对自己的一言一行都能心领神会，给人一种善解人意、为人解忧消愁、让人觉得轻松释怀的感觉，那就能自然而然地获得对方的好感与青睐了。

　　有一位女施主，家境非常富裕，不论财富、地位、能力、权力及漂亮的外表，都没有人能够比得上，但她却郁郁寡欢，连个谈心的人也没有。于是她就去请教一位禅师，如何才能具有魅力，以赢得别人的欢喜。

　　禅师告诉她："你能随时随地和各种人合作，并具有和佛一样的慈悲胸怀，讲些禅话，听些禅音，做些禅事，用些禅心，那你就能成为有魅力的人了。"女施主听后，问道："禅话怎么讲呢？"禅师道："禅话，就是说欢喜的话，说真实的话，说谦虚的话，说利人的话。"女施主又问道："禅音怎么听呢？"禅师道："禅音就是化一切音声为微妙的音声，把辱骂的音声转为慈悲的音声，把毁谤的声音转为帮助的音声，哭声闹声，粗声丑声，你都能不介意，那就是禅音了。"女施主再问道："禅事怎么做呢？"禅师道："禅事就是布施的事，慈善的事，服务的事，合乎佛法的事。"女施主更进一步问道："禅心是什么心呢？"禅师道："禅心就是你我一如的心，圣凡一致的心，包容一切的心，普利一切的心。"女施主听后，一改从前的骄气，在人前不再夸耀自己的财富，不再自恃美丽，对人总是谦恭有礼，对眷属尤能体恤关怀，不久就被夸为"最具魅力的施主"。

优雅的谈吐是少不了幽默感的，幽默感会增强语言的磁性，像林徽因一样在言谈中流露出幽默、温和、风趣的风格，也显示出女性活泼俏皮的一面。她并不是唇枪舌战、咄咄逼人，而是通过率性而幽默的表达，给人以轻松愉悦的感受。

所谓"腹有诗书气自华"，女人一定要增加自己的内涵，多看看人际交往方面的书籍，多和谈吐优雅的人交朋友，在潜移默化中你也会谈吐优雅起来。

对于女人来说，优雅的谈吐是一种境界，它是女人社交能力的外延，也是女人智慧、气质、才智的体现。让我们用好声音去征服男人世界吧，让我们的优雅谈吐像磁场一样，为我们赢得更多好感、更多人气和更多青睐的目光吧！

2. 见了什么都说"好"，不如不说

赞美是一门学问，是人际关系中最能打动人心的语言。许多人常犯的一些错误，如见了什么都说"好"，信马由缰，天花乱坠，不懂装懂，本来的赞美之言，听起来却像讽刺。作为一个赞美者，赞美不适度，反而会适得其反。因此，赞美别人也要讲求分寸和方法。

凡事要有个度，如果你过了这个度，恭维就成了讨好、巴结、拍马屁。除了没有达到你预期的效果，更有可能适得其反。

蕾蕾是一家化妆品公司的推销员，王女士是她所有客户里比较大的一个，因此她非常珍惜，并且每次在拜访的时候，都会想方设法说一些好听的话，让对方高兴。某次，她又去王女士办公室送对方订购的产品。

看到对方办公桌上有些图案她就没话找话地说："王姐，您这办公桌真好看，还有艺术涂鸦啊！"对方瞅了她一眼，态度有些不大友好地说："你的眼睛多少度啊，那是划痕。"一时间，蕾蕾感觉非常尴尬，恨不得找个地缝钻进去。之后，她再也不敢轻易说一些奉承对方的话了。

诚然，蕾蕾只是一时眼拙弄成了笑话，但是，倘若你无意间说了一些不着边际的话，让对方听了会觉得你是在讽刺他，那恭维的效果就会完全变了味道。

相反，假如你说的恭维别人的话恰如其分，不但没有拍马屁的嫌

疑，还让人觉得你是个会说话的人，并且也会喜欢和你搭话。

假如你和别人聊天的时候，对方说"你的眉毛真好看，是你自己修的吗？""你说话的声音真好听。""听说你徒手抓到了小偷，你真牛！"你心里忽然感觉有些暖暖的，这便预示了你在别人面前突出了自己的优点。

审时度势，因人而异。人的素质有高低之分，年龄有长幼之别，所以赞美要因人而异，突出区别。有特点的赞美比一般化的赞美能收到更好的效果。老年人总希望别人不忘记他"想当年"的业绩与雄风，所以同他们交谈时，可多称赞其引以自豪的过去；对年轻人不妨语气稍为夸张地赞扬他的创造才能和开拓精神；对于经商的人，可称赞他头脑灵活，生财有道；对于知识分子，可称赞他知识渊博、宁静淡泊……

情真意切，有理有据。虽然人都喜欢听赞美的话，但并不一定任何赞美都能使对方高兴。你若无根无据、虚情假意地赞美别人，他不仅会感到莫名其妙，更会认为你油嘴滑舌、诡诈虚伪。只有那些基于事实发自内心的赞美才能引起对方的好感。

例如，当你见到一位其貌不扬的小姐，却偏要对她说："你真是美极了。"对方肯定认为你所说的是虚伪的违心之言，或是为了讽刺她。但如果你着眼于她的服饰、谈吐、举止，发现她这些方面的出众之处并真诚地赞美，她一定会欣然接受。

真诚的赞美不但会使被赞美者产生心理上的愉悦，还可以使你经常发现别人的优点，从而使自己对人生持有乐观、欣赏的态度。具体来说：

一要详实具体，深入细致。在日常生活中，有显赫功绩的人毕竟是少数，而大多数人都只不过是普通人。因此，与人交往时应从具体的日常事件入手，善于发现对方哪怕是最微小的长处，并不失时机地予以赞美。赞美用语越详实具体，证明你对对方越了解，对他的长处和成绩越看重。让对方感到你的真挚、亲切和可信，你们之间的距离就会越来越近。如果你只是含糊其辞地赞美对方，说一些"你工作得非常出色"或者"你是一位卓越的领导"等空泛飘浮的话语，只能引起对方的猜疑，甚至产生不必要的误解和信任危机。

二要合乎时宜，适可而止。赞美的效果在于见机行事、适可而止，用一句古人的话来形容便是："美酒饮到微醉后，好花看到半开时。"当别人正筹划做一件有意义的事时，最初的赞扬能激励他下决心做出成绩，中间的赞扬有益于对方再接再厉，事成之后的赞扬则可以肯定成绩，为对方指出进一步的努力方向。

三是"雪中送炭"胜过"锦上添花"。俗话说："患难见真情。"最需要赞美的不是那些早已功成名就的人，而是那些因被埋没而产生自卑感或身处逆境的人。他们平时很难听到一声赞美的话语，一旦被人当众真诚地赞美，便会为之一振，说不定还能大展宏图。因此，最有实效的赞美不是"锦上添花"，而是"雪中送炭"。

另外，赞美并不一定总用一些固定的词语，见人便说"好……"有时，投以赞许的目光、做一个夸奖的手势、送一个友好的微笑也能收到意想不到的效果。

3. 羞答答的玫瑰要大胆地开

法国小说家、传记作家莫洛亚说过这样一句话："漂亮的人怀疑自己的智慧，聪明的人又怀疑自己的魅力。"这句话说出了人们在社会交往中的一种恐惧心理。其实，任何人都不是完美的，如果你总是怀疑自己的魅力而不敢展现自己，就如同默默无闻的小草，永远也无法让别人关注到你。自我怀疑以及由此带来的胆怯是我们给自己设下的枷锁，必须要摆脱这个心的枷锁才能走出困局。女人应当像美丽娇艳的花朵一样绽放，发出自己夺目的光彩。

就像商品做了广告会更畅销一样，女人积极地表达自己，才会吸引别人的关注，才能为自己创造更多机会。聪明的女人能够掌握好含蓄和张扬的尺度，游刃有余地在两种表达方式中转换。在一些需要展示自己的时候"含而不露"，一味低调，其实是一种怯懦的表现。

小S是一个大大咧咧，敢爱敢恨的女人。她从来不在乎别人怎么说她，是夸她还是骂她，是喜欢她还是讨厌她，通通都无所谓，她就是要做她自己。她可以勇敢地说："从我有记忆以来，我就认为自己很漂亮，即使有那么多人说我姐比较漂亮，我也完全不把它当一回事，我很诚心地投入在自己是美女的世界里。"有多少女人能够在自己还是丑小鸭，在自己最不美丽、最自卑时，说出这样的话，在姐姐光彩的衬托下依旧能如此自信？她的勇气还表现在爱情上，这些年来，她在感情上受过很多伤害，可她偏偏是那种无论多痛都不会留下阴影的女人，失去一段再找一段，直到浪漫王子的出现，他儒雅，体贴，是个能给她安全感的男人。一段倒追开始的爱情竟然开花结果了，她爱他，她不在乎谁先主动。在爱里太顾及自己的面子的人是最难得到幸福的。她成功了，又一次因为她的勇敢，当他捧着大束的玫瑰和钻戒跪地求婚时，她哭了，像个在爱里迷路的孩子找到了回家的路。

对勇敢的女人来说，她们的命运始终掌握在自己手里。女人是伟大的、勇敢的、宽厚的，当你漫步在那条纵贯古今、源远流长的中国母亲河，你就会聆听到那一曲千古吟哦、响遏行云的母爱绝唱，你会感到作为女人的无比骄傲与自豪。正是女人的孕育之痛，才换来了几千年骄人的中国文明；正是女人的无私负重，才换来了泱泱华夏的盛世繁荣。女人因勇敢而自信也因勇敢而更美丽！

想要克服羞怯心理，勇敢表达自我，那就要在社交场合中多多练习。派对和社交聚会对于你结交新朋友是非常好的，但是你的羞涩若有碍你去同他们交谈，那么要和他们交朋友也就难了。如何在派对和社交聚会上克服羞涩，下面这些技巧很有效：

关注外界，消除无益想法

消极想法是问题的根源，所以根除的唯一方法是用其他想法取代它们。关注外部世界，而不是让消极的想法在脑子里时不时地浮现。

如果你想消除那些想法，你可以问自己一些使大脑关注外界的问题。不妨这样问自己："这里面什么是有趣的？"或者"我能从中找到什么有趣的吗？"

不要面对人群

如果你害羞，一种能让你感觉良好的方法是避免站在最拥挤的人群里面对他们。试着站在人员稍微稀少的地方。

既然羞涩会造成大脑的过度兴奋，那你需要减少关注量。即使你在人群很拥挤的地方，这一定会让你冷静下来。一旦你不去关注人群，你就感觉不到压力了。

简化你的沟通风格

羞涩也来自你给了自己太多的压力，比如你想要给别人留下风趣和深刻的印象。如果你想更舒心，试试大多数成功沟通者在使用的技巧。

这种技巧说的是言谈举止要更为随意，而不是去显摆。交谈时，要表现得自己好像对很多事都不确定，或自己不想谈论过于严肃的话题，这会给你创造一种舒适的氛围，鼓励你进行低调的谈话。别人会觉得你是一个随意开放的人，而不是一个虚伪势利的人。

早点到让自己熟悉环境

另一种克服羞涩的方法是早点到派对场合，和你看到的人聊聊天。早点到，点些吃的，同员工或酒保说说话。在其他人来之前，就让自己拥有一种在家里的自在感觉。这个简单的小把戏会非常容易让你做到在整个晚上过得舒心惬意。

随着越来越多的人加入，你面对很多人也会越来越舒适。这主要是因为你已做好热身，并准备好了对话的情绪状态。

鼓舞他人

派对使你羞怯的另一方面是你会觉得每个人都知道彼此，这种观念通常来说是错的。受欢迎、嗓门大的人似乎会得到更多关注，如果你只把注意力集中到他们身上，就会很容易产生这种错误观念。

与此同时，如果你留意到了其他人，你会看到有人是单独来的，他们希望能结交到朋友。如果他们看起来很亲切但在犹豫要不要和别人聊天，那就走过去寒暄，看他们是不是愿意聊。

准备B计划

想要在聚会上感觉良好，就需要避免那种"我必须得待在这里"的勉强感觉。比如说如果你已经受到他人邀请，你可以提前对主人表示可能要早些离开，因为你还有其他事要处理。这件事可以是任何事，这能让你克服你的羞涩，因为你知道如果你感觉紧张了，至少你可以离开。

4. 男人需要的不是建议而是信任

女人都希望自己能成为男人的得力帮手,但在主动请缨、充当
"谋士"或"后盾"这件事上,女人要格外小心,以免伤害你心爱的
男人。

孙阳和马小凡夫妇要去参加聚会。聚会的地点不算远,但20分钟
以后,驾车的孙阳,还在同一个街区转来转去,显而易见,他不小心
迷路了。马小凡忍不住提出建议,让孙阳打电话求助。孙阳一言不发,
冷着脸,继续寻找"迷宫"出路。最终,他们赶到了聚会上。整个晚
上,孙阳的情绪都很低落,两个人之间的气氛很是紧张。

马小凡不明白孙阳为何情绪低落。她不知道,问题恰恰出在她给
孙阳的建议。

毫无疑问,马小凡完全出于好意。她的意思也很明确:"我是爱
你,关心你,才主动帮助你,连这个都看不出来吗?!"

孙阳却不这样理解。他觉得尊严受到了冒犯。从妻子那里,他当
时听到的信息是:"我不指望凭你的本事,能把我们及时送到目的地。
你的方向感差极了,让我不敢恭维。你真不是个能力很强的男人!"

迷路的孙阳,在同一个地段绕来绕去时,对马小凡而言,其实是
天赐良机——她可以向孙阳展示她的爱,她的信任。在那样的时刻,
孙阳是脆弱而无助的,他需要温暖和抚慰。实现这一点,并非有赖于
马小凡的建议。马小凡应当保持沉默!马小凡应当信任孙阳可以辨别

方向，找到出路，最终赶到目的地。

信任，是马小凡送给孙阳最好的礼物。对于孙阳而言，信任的感觉如此重要，如此美好。孙阳对于信任的渴望，就如同马小凡从他那里得到芬芳的玫瑰或热烈的情书一样！

给予男人不请自来的建议，或擅自充当男人的"援兵"，结果就是得不偿失。在男人眼里，这是你对他进行抱怨和批评。这让男人心灰意冷，斗志全无！当然，出于爱、出于温情，你才会那样做，可你的建议和主张，像一把刀子，扎在男人的自尊之上，让他无限痛楚。他的反应可能非常激烈，他觉得你把他当成了孩子！

大凡有骨气和抱负的男人，大多有着强烈的自尊。他想在心爱的女人面前证明：他可以不靠别人，"单骑闯关"，哪怕要闯的"关"微不足道（比如驾车赶到餐厅，参加朋友的聚会等）。相对某些大事而言，他对小事格外敏感。这似乎颇具讽刺意味，但又在情理之中——"她连参加聚会这样的小事，都对我缺乏信心，又如何相信我能成就大事呢？"

在婚姻生活中，男人需要的不是良师益友，而是一个让他轻松愉快的爱人。

5. 像训练形体一样去训练自己的声音

心理学研究表明，一个人对外界事物的感知和印象80%靠视觉，其余20%中有14%靠听觉。这还是在面对面的情况下。如果是接听电话，由于双方不在现场，交际的效果完全靠声音来完成，那声音的重要性更不用说了。

女人的谈吐既有知识、趣味，又能用丰富的表情和优美的声音来表达，那将会收到意想不到的效果。美丽的声音有一种直达人心的魅力，聪明的女性应该懂得驾驭自己的声音。很多流连于梳妆台前的白领女性对自己的外貌、服饰很感兴趣，也很有信心，但她们却很少留意自己的声音。我们常会看到一些容貌姣好、衣着入时的白领女性说起话来直叫男士们摇头，倒是那些容貌普通，但说话不快不慢、抑扬有致的女性较能给人"舒服"的感觉。

所以，作为一名现代女性，你若想使自己更迷人，除了一切外在条件，还得注意你的声音，更何况声音不单能吸引异性，与你个人工作顺逆成败也有关。

女人的魅力表现在三个方面：声音、形象和性情。

但是在实际生活中，人们——不管是男人还是女人，往往注意到的只有后两点。其实，声音在女人的魅力之中占有的分量绝对是很重的。

优雅女人会时时注意自己声音的力度、音阶和速度。她像一个调音师，时时精心听着每一个音节而奏出整体优美的音乐。而温柔的语言、亲切的态度、婉转的音调、平和的旋律，这些加起来，会使一个相貌平庸的女人变得异常有女人味而且魅力倍增。这样的女人，即使有一天老了，魅力也永不会丢。

女人如果不注意声音的培训，即使你本身是"凤凰"也会变成"乌鸦"。有些女人的声音过度刻板，很机械，发声跟电脑程序差不多，完全不能让人产生幻想。失去声音的魅力，就犹如失去女人的特征。所以，女人应该像训练形体一样的去训练声音，这样才能增加自信并改变命运。

那么，如何才能使自己说话的声音富有感染力呢？

培养受人欢迎的语调

语调能反映出一个人说话时的内心世界，情感和态度。当一个人生气、惊愕、怀疑、激动时，所表现出的语调也不一样。从一个人的语调中，人们可以感觉到她是一个诚实、自信、幽默、可亲可近的人，还是一个呆板保守、优柔寡断、好阿谀奉承或阴险狡猾的人。所以，无论你谈论什么样的话题，都应保持说话的语调与所谈及的内容相协调，并能恰当地表明你对某一话题的态度。

注意发音的准确性

正确而恰当地发音，将有助于你准确地表达自己的思想，与人进行良好的沟通与交流。如果你说话发音错误并且含糊不清，这表明你思路紊乱、观点不清，或对某一话题态度冷淡，这会使人感到极不自然，从而产生一种本能的抵制情绪。

控制说话的音量

在任何场合大声说话，都会使对方产生压迫感，心情紧张，神经容易疲劳，导致注意力不集中，降低交际效果。如果大声到"喧哗"的地步，引起不相干人的注意就更不明智了，这违反了交际场合"不要让自己引人注目"的原则。一般在交际场合的音量以对方听见为宜，电话中还要略低一些。

注意聊天的语速

当你在和别人交谈时，选择合适的语速十分重要。语速太快如同音调过高一样，给人以紧张和焦虑之感。如果说话的语速太快，以至于某些词语含糊不清，他人就无法听懂你所说的内容。当然，如果语速太慢，又会令人逐渐丧失耐心，有焦躁沉闷之感。正确的做法是，努力保持恰当的语速，不要太快也不要太慢，并在说话时不断地调整。

不要用鼻音说话

在日常生活中，我们经常听到"哼……嗯……"的发音，这就是鼻音。如果你说话时常常使用鼻音，肯定不会受到他人欢迎，因为你的声音让人听起来似在抱怨，毫无生气，十分消极。如果你想让自己所说的话更具吸引力和说服力，如果你期望自己的语言更加富有魅力，那么从现在开始就别再使用鼻音。

从现在开始，要像训练形体一样去训练自己的声音。因为，充满魅力的声音能增加女性的自信和气质，在关键的时刻还能改变自己的命运。

6. 倾听，最受欢迎的女性语言

米歇尔·奥巴马在北京大学演讲时说："当所有公民的声音和观点都能得到倾听时,国家会变得更加强大和繁荣。"由此可见认真倾听的重要性。

在人际交往中，倾听是对别人的尊重和关注。专心地听别人讲话，是你所能给予别人的最有效的，也是最好的恭维。一个善于倾听的女人无论走到哪里都会受到欢迎，一个不善于倾听的女人则可能到处碰壁。虽然，我们都懂得这一道理，可是现实中，却并不是人人都能成为受欢迎的人。为什么呢？

这是因为，人们总是认为自己的声音是最重要的、最动听的，并且人人都会迫不及待表达自己的愿望。在这种情况下，一个好的倾听者自然会成为最受欢迎的人。有人说，上帝给我们两只耳朵，一张嘴巴，就是希望我们能多听少说。可是通常情况下，并不是人人都能理解这一点，能理解也不一定能做到。

善于倾听别人讲话是一种高雅的素养，因为认真倾听别人讲话，表现了对说话者的尊重，人们也往往会把忠实的听众视作可以信赖的知己。

当然倾听的好处还有很多，首先，倾听可以解除他人的压力。当一个人有了心理负担和心理疾病的时候，他总是愿意把心中的烦恼向一个好的倾听者诉说，以寻求解脱的办法。而在这时倾听者对倾诉方表示出体谅的心情，比如说适当地插入"我理解你的心情，要是我，我也会这样"之类的话语，这样一来，对方会感到你对他的心情是理解的，你们的交谈就能够融洽地进行，你的劝告也容易生效。

其次，注意倾听别人讲话会给人留下非常良好的印象。

在小说《傲慢与偏见》中，伊丽莎白在一次茶会上专注地听着一位刚刚从非洲旅行回来的男士讲非洲的所见所闻，几乎没有说什么话，但分手时那位绅士却对别人说，伊丽莎白是个十分善言谈的姑娘。

此外，倾听是一个信息收集的过程，它可以让我们学到更多的东西，更好地了解人和事，丰富的知识可以使自己变得更聪明。

善于倾听是人际交往中的一种手段，看似是一种静止的状态，实际上却蕴涵着丰富的信息，它就像乐谱上的休止符，运用得当，则含义无穷，可以真正达到"无声胜有声"的效果。

懂得倾听的人，不仅容易交到朋友，也有助于了解真相，充实自己。当然，倾听也不是一件容易的事，因为不仅要控制自己想表达的欲望，还要表现得对别人的述说感兴趣。

以下是我们从第一夫人米歇尔·奥巴马的谈话中总结出的几条关于倾听的技巧：

保持眼神接触

让说话人感觉到：你的注意力完全在他身上。

保持全神贯注的姿势——就像运动员时刻准备投入比赛一样

想一想那些无精打采的人，要么冷淡，要么孤僻，要么粗鲁，根本不关心你在说些什么。相比之下，电视里的采访者就完全不同，他们的整个状态展示了高度的投入与关注。

给讲话人语言暗示，鼓励他多说一些

例如："明白了。""多给我讲一些。""然后怎么样了？""请继续。"注意，每一句暗示都很简短，只需两三个词，但这足以使讲话人深受鼓舞。

清除交流障碍

你可以走到办公桌前，靠近来访者坐下，也可以在谈话时将办公电话、手机或传呼机关掉。如果嘈杂的收音机或周围人的谈话影响了你，请将收音机关掉或换一个安静的环境。

对听到的话进行解释与核对

"如果我没理解错的话，你一定认为会议缺少明确的议程安排，因此显得有些混乱。"此时应有一个停顿，以便讲话人肯定你的观点或予以纠正。

表示同感

如果有人告诉你，他失去了一个期待已久的晋升机会，你就应该回答道："真是遗憾，我想你肯定失望极了。"

分享谈话"核心"的角色

在谈话的过程当中，应不时"让出"核心的角色。因此，请不要总是试图"统治"与他人的谈话，而应尽量让其他人参与进来。例如，你可以说："莎伦，我们很想听听你在这个问题上的看法，可以给大家介绍一下吗？"

暗示你乐于听到不同的意见

"你提出的这个建议我还真是第一次听到，我会认真考虑的。请谈一谈应该怎样落实你的想法。"

聆听他人的困惑，但不要替他解决问题

哪怕麻烦缠身，人们也不愿让别人来帮忙解决问题。他们不需要你出谋划策，只希望得到你的关心与支持。

聆听对方的意图，而不仅仅是话语。管理学大师彼得·德鲁克曾经说过："沟通就是倾听对方没有说出来的话。"因此，请细心体会说话人"话里话外"的意思，并且在抓住事实的同时感受他的情绪。

提出反对意见前，应听全、听懂对方的话

这样，即使你所持的是对立观点，对方也会相信你的立场是公正的。

把每一次倾听当作学习的机会

敏锐的倾听者会留意那些不被人看好的观点。因此，即便谈论的话题一开始显得很无趣，也请紧跟说话人的思路。而在你学习的同时，也会获得说话人的好感与尊重。

交谈时，说者和听者要互相配合，才能使谈话顺利地进行下去。几个人在一起交谈时，如果你老是说有关自己的话题，不能很好地听别人谈话，而且总是打断别人的谈话。开始别人也许还会有兴趣听，时间久了便会失去兴趣，并开始畏惧你的喋喋不休，甚至会躲着你，最终你会被从人际关系圈中排挤出来。

聪明的女人，是一个会倾听的女人。善于倾听，会使你在社交场合中成为一个受欢迎的人，在人际交往中成为一个沟通高手。想要别人关注你，你就得先关注别人。问别人喜欢回答的问题，鼓励他人谈论自己及他所取得的成就。尤其不要忘记与你谈话的人对他自己的一切，比对你的问题要感兴趣得多。

7. 不卑不亢，冷静处理突发状况

在社交场合中，我们总是会碰到一些意想不到的事情，或是自己失言失态；或是对方反应不如预料的；或是周围环境出现了没有考虑到的因素等。这些猝不及防的情况，往往会令人啼笑皆非，狼狈不堪，进退维谷，陷入窘境。身处窘境，如何解脱？那就需要随机应变。生活中有很多这样的例子：

已经是某连锁公司大老板的王霞，有一次在社交场所被人讽刺为受教育太低，是暴发户，甚至讥笑她小时候的穷困潦倒模样。王霞不但没有生气，而是坦然地开玩笑说："没错，我出身穷苦的家庭。小的时候，别的小孩做模型飞机，而我是在做模型馒头。我们从来不穷，也没有挨过饿，只是有时会把吃饭时间无限延后罢了。"

遇到这种情况，千万不能保持沉默，否则就等于你默认了别人的讥讽，这将不利于在人际交往中占据主动地位。如果这些行为是亲友、同事的玩笑话，那你不妨以同样诙谐的话予以"反击"，不要用气愤和尖刻的话去反击，那将有失风度。对这些善意的围攻，通常用幽默的自嘲就可以使你从困境中摆脱出来，以泰然自若的神情面对别人，不仅不会使你受损，还会为你平添许多风采。表面上看是自嘲，其实是包含着自嘲者强烈的自尊、自爱的积极的交际手段，会增加你的交际魅力。

但是对别人恶意的讥刺、反讽要针锋相对，不留情面，使之气焰顿消，无法再自鸣得意。如果在各路商界名流汇聚的晚宴前，有人把你从头到脚搜索一遍后，装腔作势地嚷道："哎呀呀，你就是集团的XX？真认不出。"你不妨立即驳斥："站在山的脚边，自然看不到山。"

在交际场合，人身攻击之类的不愉快事件是难免的，尤其身居高位的女人们，有意无意中多少会得罪、结怨一些人，遇到对方的讥讽和轻视，如果你不想哑巴吃黄连，那么，用回讽作为你的应变策略是必要的。

因此随机应变的口才就显得尤为重要。要达到这一点，必须具备极敏捷的思维，这应得益于长期有意识的训练、学习和模仿。应急的语言技巧很多，下面介绍几种。

转移话题，摆脱窘境

在社交中，有时会遇到自己不想公开或不能公开，而别人又偏偏要打听的事，或是自己偶然触及对方的伤痛、忌讳及隐私，出现了尴尬的局面。这时，以场景为媒介，迅速转移话题便是一种普遍有效的应急措施。

不动声色，应付尴尬

尴尬局面的出现，往往是刹那间的事情，如果缺乏镇静，大惊失色，那只能是手足无措，乱上添乱。如果能在心理上保持平衡与稳定，神色不改、镇静自若地面对出现的问题，才有可能巧妙机智地应付尴尬。

急中生智，自圆其说

话语脱口而出，一有疏漏，就应在瞬息之间，发挥随机应变的能力，适应变化的情境和话题，修正自己讲话的内容，对话语进行快速而严密的变换、调整。

运用幽默，巧解矛盾

在人际交往中，当矛盾发生时，幽默的语言在某些情形下会产生一种神奇的效果，使僵局冰释，使窘迫难堪的场面在笑语中消失。

第六章

我心温柔，自有力量

世事未必能尽如人意，有欣喜，当然也有黯然。它固然有成串的欢笑，当然也有令人沮丧而泣的时刻。但那都只是过眼云烟，终不能永远定格。

1. 浅笑安然，让一切伤害了无痕

你念念不忘那些已经存在的伤害，想用报复去刺痛伤害你的人，无疑也是在给自己的伤口撒盐。当你选择了忘记，选择了不在乎，那些伤害过你的人，原以为会看到你怨毒的眼神和无力的挣扎，用最不屑的言语来讽刺你，却不料你已经不记得他，视之为空气。对他而言，那是怎样一种失望和不甘？

人生就像一次长途跋涉，不停地走，不断地看到新的风景，其间也会遇到坎坷。如果把走过的路、看过的风景都牢记于心，只会徒增负担。阅历越丰富，压力就越大，倒不如一路走来一路忘记，永远轻装上阵。

谭恩美是美籍华裔女作家，她的作品生动感人，温婉的语言每每触及读者的灵魂。可是，没有人相信，在谭恩美16岁的时候，她曾用充满仇恨的话语喊道："我恨你！我恨不得自己死掉……"而站在她面前的是母亲。

在谭恩美的记忆中，少年时与母亲的争吵似乎一直在持续着，每次争吵之后，母亲都会露出一个近乎疯狂的扭曲微笑，然后在喘息中大声嚷道："好啊！我也许是该死掉，这样我就不用当你妈妈了！"然后在接下来的日子里，两人以冷战相对，冷战结束后，依然是争吵。

最让少年谭恩美受不了的，是母亲经常在别人面前批评、羞辱她，禁止她做某些事情，哪怕谭恩美有充足的理由。母亲不要理由，只会批评，这让谭恩美暗自发誓：永远不忘记这些委屈！要让自己的心硬起来，像母亲那样！

30年后，谭恩美意外地接到了母亲的一通电话，这让她惊讶万分，因为母亲患上老年痴呆症已经3年多了，她忘记了许多人、许多事，甚至无法讲出连贯的话语。

但话筒那边确实是母亲焦急的声音："恩美！我的脑子出问题了！"恩美屏住了呼吸。

"我觉得很多事我都记不得了，昨天我做了什么？对你做了什么？我不记得很久以前到底发生过什么事……"母亲说话的时候好像一个溺水的人，挣扎着，却发现自己越陷越深。

"你不要担心！"恩美终于能说出话了。

"不！我知道我做过一些伤害你的事情！"母亲狂乱地叫起来。

谭恩美马上回答："你没有，真的，别担心。"

"我真的想不起来了！但我知道，我做过一些可怕的事情……我只想告诉你……我希望你能像我一样把它忘掉。"

"真的没有，别担心。"谭恩美只能重复这几个字，因为她哽咽着，她不想让母亲听出来。

"真的吗？"母亲平静了一些，"好吧，我只是想让你知道。"

挂上电话，谭恩美大声哭了出来，既伤心，又幸福。

6个月后，母亲故去了。她及时把最能抚慰人的话留给了女儿，好似拨开云雾后那开阔、湛蓝的天空。"遗忘掉仇恨和痛苦，铭记住亲情与关怀，这才是人生最重要的。"谭恩美在母亲的葬礼上如是说。

可见，忘记是对痛苦的一种解脱，是对伤害的一种抚慰，是对自我的一种释放。有人说人心如杯，不倒去旧水，就无法盛装新水。

生活也是如此，如果不愿意舍弃过去，忘记曾经的痛苦，就无法让心灵成为一个空杯，无法承载新的生活。很多时候，生活不再精彩，不是因为生活反复无常，而是因为人们的背负太重。所以忘记痛苦，倒空旧水，你会发现空杯原来可以容纳更多美好的甘醇。

20世纪，美国建筑大王凯迪的女儿和飞机大王克拉奇的儿子，在两家父母的撮合下，彼此有了情分。但两个人的来往并不顺利，总是磕磕绊绊的，争吵时有发生。两家人都是社会上的名流巨富，儿女们的这种关系，让他们大伤脑筋。他们甚至担心，会不会发生什么不测。

谁想，担心什么就有什么，令他们震惊的事还是发生了，凯迪的女儿竟然被克拉奇的儿子毒死了。

克拉奇的儿子小克拉奇因一级谋杀罪被关进大牢，两家人的身心因此受到沉重的打击。从此两家人的生活变得暗无天日。克拉奇的儿子在事实面前却拒不承认自己的罪行，这使凯迪一家非常气愤。而克拉奇一家也在拼命为儿子奔走上诉。如此一来，两家人便结下了深仇大恨。

一年以后，法院做出终审，小克拉奇投毒谋杀的罪名成立，被判终身监禁。克拉奇为了能让儿子在今后得到缓刑，也为了消除儿子的罪恶，不断以重金为凯迪一家做经济补偿，以便凯迪能不时地到狱中为儿子说情。克拉奇每一次的补偿都是巧妙地出现在生意场上，这使得凯迪不得不被动接受。

而凯迪每得到克拉奇家族的一笔补偿，就像是接过一把刺向自己内心的刀，悲痛难言。凯迪埋怨自己，也埋怨女儿当初怎么就看错了人。而克拉奇的全家更是年年月月天天生活在自责中，他们怨恨没有教育好自己的儿子。

两家人都是美国企业界中的辉煌人物，然而生活却如此捉弄他们，让他们不得安生。一年又一年，两家人的心被巨大的阴影所笼罩，从来没有真正地笑过。他们承认，这些年为此所付出的心理代价是用任何金钱也换不来的。

然而，苦苦承受了20多年的罪愆后，最终的事实证明，凯迪女儿的死，并不涉及善恶情仇。事情引起了美国媒体的巨大轰动，面对报社的采访，凯迪与克拉奇两家都说了同样的话："20年来，我们付不起的是我们已经付出的，又无法弥补的心态。"

伤人者自伤。或许，他们都明白这一点，但在迷失心智的那一刻，却全然忘记这一点，只记得报复。报复是什么？那是一把双刃剑，当你畅快淋漓地刺伤那些伤害你的人的同时，也在伤害你自己和那些真正爱你的人。

既如此，又何必念念不忘，伤害自己呢？忘记报复，摆出一副不在乎的姿态，对曾经伤害过你的人来说，才是最有力的回应。而对自己来说，更是一种心灵的自由。

对那些已经无法更改的伤害，更是不必耿耿于怀，试着每天忘记一些不该记住的东西，把锁上的心门打开，让自己寻找快乐。你会发现，天空并不是那么灰暗，痛苦也不是紧紧围绕着自己，伤心的感觉总会慢慢减弱。世间万事总有它的因由和无奈，浅笑安然，好过背负着报复的利剑。

2. 做朋友可以一生，做情人只得一时

异性之间有美好的爱情，这是任何人都不会有异议的。但异性之间有没有真正的友情，怕是众说纷纭了。

一般认为，忠诚的友谊只存在于男人与男人之间，女人和女人是很少有友谊存在的，而男女之间的友谊，就更难存在了。古龙曾说："白马非马，女朋友不是朋友。女朋友的意思通常就是情人，情人之间，只有爱情，没有友情。"

很年少的时候，我们让自己坚信男女之间有纯洁的友谊，我们以为不相信有"纯洁异性友谊"的，是那些猥琐男女。结婚后，我们以为男女之间总难有真正的友谊。因为有欲望，所以友谊不会长久。异性的友谊，总透着某种暧昧，往前一步，即是爱情，往后一步，终成怨情。

很多人质疑异性友谊，因为它难以把握，难以捉摸，可遇不可求。异性友谊的最高境界：站在不远不近的地方去欣赏对方。

其实男女之间的友谊是人的一种高尚的感情，是介乎于爱情和友情之间的一种情感。她不是爱人，不是情人，但又超出一般朋友，这种感情是不言爱，更不言性。但会令你心动，却又不会动情。让你温暖，但不会有激情，纯净中有甜美，平淡中有绵长。

这种感情在于心的了解，精神的交融，两人的心贴得很近，身体却离的"很远"，这是一种精神层次的"柏拉图"，只有理性的人才能做出。只有理智的人才能得到。

两个人在一起时，有着精神上的默契，有着心灵的统一，他们可以谈爱情，谈婚姻，谈未来，可以无所顾及地谈人生所有的问题，心有灵犀，心意相通，相知相惜，互相扶持，互相敬重。随意但庄重，亲密但理性，相知而无私，拥有这种感情的两个人，不会当自己是异性，他们可以紧紧地握手，也可能会结结实实地拥抱，但那与性无关，是友爱是欣赏，是思无邪，而绝不是欲望，不是占有。他们会一起欣赏尼采，会一起探讨拜伦，但绝不是互送一朵小花。他们可以一起去郊游，可以一起去喝酒，到了车站，说声拜拜，各走各的路，不用相约，不用相守。

奥黛丽·赫本和被誉为"世界绅士"的格里高利·派克，在《罗马假日》中相识，那是一次经典而隽永的合作，但两人终未能成为眷属。后来，他将自己的好朋友介绍给她，他送给他们的结婚礼物是一枚蝴蝶胸针。她去世后，他来看她最后一眼，并且在自己87岁高龄的时候，在慈善义卖活动中，他拄着拐杖，颤巍巍地买回了当年他送出的蝴蝶胸针，将它带在自己的胸膛，陪伴他离世升入天国。

这种纯洁友情超越了爱情，永远让世界为之唏嘘动容。

柴可夫斯基和梅克夫人是一对相互爱慕而又从来没有见过面的朋友。梅克夫人是位酷爱音乐、儿女成群的富孀，她在柴可夫斯基最孤独、最失落的时候，不仅给予他经济上的援助，也给了他极大的鼓励和安慰，激励柴可夫斯基在音乐殿堂一步步走向顶峰，柴可夫斯基最著名的《第四交响曲》和《悲怆交响曲》都是为这位夫人而作。

二人从未见过面的原因并非因为相距遥远，相反他们的居住地最近时仅隔一片草地，之所以不见面，是害怕心中那种朦胧的美和爱，在见面后被某种太现实、太物质的东西所替代。他们一生中最亲密的一次接触，只不过是两驾马车相遇时，彼此深情凝视的几秒钟。

正是这样的距离产生了美，创造了美，使他们把爱恋的强烈欲念转化为精神上的欣赏，升华为完美崇高的人性，超凡脱俗使他们的交往成为亘古永恒。但他们两人仅仅是友谊吗？那互相爱慕的种子早已经在各自心中生根发芽，只是，他们用理智克制，只让它成为精神上永远的相依。

　　每个女人，骨子里都有这样一个情结：想拥有一个蓝颜知己。他不是夫、不是情人，而是居住在你精神领域的那个人，他不一定英俊，也不一定要比你年长，但他一定成熟、睿智、善解人意……

　　他没有丈夫的霸道和忽视，没有情人的贪恋和痛苦。他有男子汉的宽怀气度，也有男子汉的柔肠侠骨。你和他探讨人生、社会，你和他畅谈理想、心情；你和他不需要面对面相濡以沫，你和他电话里常常笑语连声。你总是没完没了地倾诉，他无论什么时候总是默默地倾听你的心声。

　　他是除了你的另一半之外最了解你的那个人，甚至有的时候有些话你不会跟你的另一半说，但是你会跟他分享。有些跟别人不能说的事情你却能跟他说，有了这样一个蓝颜知己也就等于你多了一个心理医生，多了一本心灵日记。他像个垃圾桶，装得下你所有的坏心绪，他像个空调机，送了热风送冷风。

　　他是在你烦恼的时候，你最忠实的听众，你最真实的朋友。他不会因为你的喋喋不休而远离你，不会因为你的胡搅蛮缠而鄙弃你。他会告诉你事情最好的解决办法，然后陪着你一起走出你阴晦的天空。而在你快乐的时候，他会淡出你的视野，静静地快乐着你的快乐！他是你生命中真正意义上的朋友。

　　在林徽因的朋友中，金岳霖和徐志摩对她夹杂着特殊的感情。金岳霖因爱她而单身一生，他用一辈子的时间节制了自己对林徽因的爱，成为近代感情史上的一段佳话。

　　这种发乎情止乎礼的爱，伴随了他一生。金岳霖说："我离开梁家就像丢了魂一样。"他和梁林一家几乎很少分开，林徽因病情最重的时候，已经远非绝代风华的女子了，而金岳霖依然每天下午三点半，雷打不动地"出现在林徽因的病榻前，或者端上一杯热茶，或者送去一块蛋糕，或者念上一段文字，然后带两个孩子去玩耍"。

金岳霖一直和林徽因家人融洽相处，他获得了林徽因一家对他的敬重，其子甚至称他为"金爸"。

金岳霖对林徽因一往情深，在西南联大时期，为了躲避日军空袭跑警报，他不得不四处奔波。但无论跑到哪里，他都会随身携带一个小箱子，据说那里面装的是林徽因写给他的信，为此他甚至把写了20年的《知识论》给弄丢了，他对林徽因的重视由此可见一斑。

中国共产党主要创始人之一，北京大学、清华大学教授，哲学家，数学家张申府说："如果中国有一个哲学界，那么金岳霖当是哲学界之第一人。"林徽因有此挚友，足矣。

除了金岳霖，徐志摩是她诸多朋友中色彩很重的一个。尽管他在处理婚姻问题上的做法鲜有人认可，但他确实在林徽因的世界里是个重要角色。

人活一辈子，总会碰到几个特别的人。这类人可能只是你纯粹的精神寄托，但他不能被单纯地划归为朋友，因为你对他倾注的关爱超出了一般朋友的界限和理念，可你和他又不曾有过将之升华为爱的那种想法和具体行为，你们之间纯净得甚至连手都不曾握过。

你和他之间的那种情感，那种超乎于寻常的友情，又不能简单地归类到爱情的第四类情感，它介于友情与爱情之间，也许你将它凌驾于友情与爱情之上，也许在你心中它是一种比友情和爱情更深厚更丰富的情怀。

他，可能会因你悲伤难过轻拍你的背，可能会因你怕黑牵你的手，也可能会因你迷茫哭泣拥你入怀安抚。却，仅止于此。也许平日里的他是个浪漫多情的男人，但到了你面前却不会做出任何越格的事情，你们只是在玩笑中亲密，在玩笑中虚拟你们的情感。他是那个不太在意你的言行，也不太在意你容貌的人，是可以穿越你的外表走入你内心的人。

他不会放任自己散出耀眼的爱情光芒，不会放任自己燃出炙热的爱情火焰。你静静地想他，默默地念他。你把他藏在心底，藏在你精神的家园里。他一直住在你的梦里面，遇到他，你的寂寞和软弱，便都有了寄存的地方。

多年以来，他一直是你的"情感热线"，在你快乐得想欢呼雀跃的时候，你会在第一时间告诉他，因为你希望他即使不在你的身边也能一起分享你的快乐和无忧。当你郁闷伤感的时候，你同样会想起他，你只想跟他一个人倾诉你的心情，你甚至希望他能陪在你身边，给你个坚实的臂弯让你靠。尽管你不需要他的任何语言和安慰，只要他肯倾听，你的忧愁就会慢慢释放，你的笑容也会慢慢绽放开来。

也许日子久了，你对他的倾诉有了依赖性。你习惯了每天想他，也习惯了每天和他联络。有时候你的心里甚至不敢再保证自己和他是在友情的同一个水平线上。你们都怕升温的感情变质，都怕爱的成分超越友情。每每这个时候，聪明的蓝颜知己会帮你保持冷静的头脑，他会在你感情要燃烧的时候加点冰，他不会让自己跟你一起不小心掉进爱情的深渊中，因为他知道，"做朋友得一生，做情人只得一时"。

这样一位豁达开朗而不存私心的蓝颜知己，那应该是生命的一道美丽的风景线，是一种金钱难以衡量的财富，彼此之间保持距离纯真地交往，这种友谊才会变得更加长久。

生活中，本来就只有两个性别，男人和女人。在社会中因为世事纷扰，人有时候真的需要有一个人，在烦恼时，诉说心曲；在开心时，分享乐趣；在失意时，鼓励振作……这个人并一定是你的老公。因为老公爱你，但他不一定懂你。

　　每个人的内心都有一个属于自己的角落。那里可能是儿时没有实现的梦想，也可能是生活中无时不在的困扰……如果有一个人能真正地走进你的内心，解读你的失意，明白你的困惑，更懂得你的渴望，如果有这样一个人，那他就可以称作你的蓝颜知己。

　　因为男女性别的差异，所以对待生活中的好多问题出发点不同，侧重面也不同。一个问题从不同的角度分析，所得的结论自然不同。女人的看法与男人有本质的区别。生活中需要有要好的女朋友，但也需要有一个真正坦诚的男性朋友。

　　这个男性朋友，他会真正地关心你，会在你失意时，给你振作的勇气；在你得意时，提醒你要正视自己；在你遇到生活的难题、工作的压力时，认真地帮你分析，帮助你走出生活的低谷。他对你无欲无求，你们的交往如哥们一样的自然、坦荡，不夹杂任何暧昧的气息。

3. 遥想当年，春衫薄

　　那些异性之间不可说不能说，一说就是错的事情，到了这儿，也许一个眼神就能彼此明了和慰藉。不管是好是坏，总有几个死党会陪我们走过艰辛情事和沧桑人生，直到华发暗生、满面皱纹时，仍可以遥想当年春衫薄。

　　字典上说，"闺"，一般指宫中小门或内室。"闺"字常和女子有关，没结婚的女子称"闺女"，女子的住室称"闺房"。而闺中好友，是指女性之间的朋友，指那些只有同性之间才能明白的友情，是能够互相理解对方闺中情怀的那种朋友。

　　心理学家认为，对于女性来讲，同性朋友之间的情谊是她们生命中最快乐、最满足的部分，这种情感关系也是最深刻的。对女人而言，闺中密友没有男女之情的焦虑和变数，更为亲昵可靠。

　　林徽因因为她那迥异于那个时代女性特征的性格和行事方式而很少有同性朋友，但她终究拥有了这么一个可以谈心的闺蜜。在她们相识几年后，1937年林徽因给费慰梅的一封信中，这样感慨："我从没料到，我还能有一位女性朋友，遇见你真是我的幸运，否则我永远也不会知道和享受到两位女性之间神奇的交流……"

　　1932年，林徽因、梁思成夫妇结识了美国朋友费正清和费慰梅夫妇，两家恰巧住在同一条胡同里，费正清说："中国对我们产生了巨大的影响，而梁氏夫妇在我们旅居中国的经历中起着重要作用。"

　　林徽因在女性群中是寂寞的，她的清高孤傲、她的才气以及她对无谓的家长里短闲聊的痛恨，使她鲜有密切的女性朋友，与林徽因交往甚是密切的作家李健吾在评价林徽因的性格特征时说："绝顶聪明，又是一副赤热的心肠，口快，性子直，好强，几乎妇女全把她当作仇敌。"但幸运的是，她与来自美国的费慰梅结下了难得的友谊。

　　作为林徽因唯一的女性知己、铁杆闺蜜，费慰梅是一个温暖有余、尖锐不足的人。友谊这回事，跟爱情有点像，也是有强弱两方的。在才学、身份和地位上，费慰梅与林徽因堪称势均力敌，因为环境的原因，费慰梅发展得比林徽因更好一些。但是，也许因为性格的原因，费慰梅的风头却没有盖过林徽因，而且她也不介意林徽因习惯性的强势。

　　1934年夏天，费氏夫妇邀请梁林夫妇去山西度假，梁林夫妇也正好要到山西作古建筑考察，便愉快地答应了。此后，费慰梅用旅游照片做成一个私人剪贴本，并附以文字说明："我们的山西历险记包括了四位主人公：两位科班毕业的建筑师、两位天才烹饪大师、一位历史学家、一位画家、一位卓有成就的摄影师、一位天津大公报的记者，一位行李打包专家以及她在艺术上的死对头、最早起床的人，第二名起床的人，两位第三名起床的人……"这些介绍文字下，是他们四个人分别的照片。（见纪录片《梁思成林徽因》）多年后，林徽因多次怀念、提起这次经历，还在信中告诉费慰梅，她仿佛又想起了八月山西，她们的"夏日行宫"……

正像这个剪贴本文字所传达出来的，他们在一起，温馨、亲切、有情趣。

费慰梅家学渊博，出身名门，她的父亲坎农博士是哈佛大学医学院著名教授，一位伟大的生理学家，"全世界的科学家都知道他"（《费正清在华二十年》）。她母亲则是一位酷爱旅行、思想开放的作家，所以，费慰梅四个姐妹都有异乡求学的经历。费慰梅是老大，16岁时到墨西哥学习艺术，后来，又随丈夫费正清来到中国；老二17岁去了土耳其；老三玛丽安去的是中国；小妹海伦则从所在的东海岸去了西海岸。

在那个时代，有眼界让子女云游天下的父母并不多见。巧的是，费慰梅的母亲与林徽因的父亲有着相同的见解。拥有同样通达的家长，也算是费、林两个女子的友谊的某种共同背景，而她俩的相同点还不止一个。梁林夫妇与费氏夫妇在性格上也有几分相似之处，都是男性较为内敛庄重，女性较为开朗热情。除了背景的相似、婚姻状况的相似，对艺术浓烈的爱，更让她们拥有说不完的共同话题。费慰梅是一个艺术家，尤其喜欢水彩画。她的水彩画明朗、柔雅，用阿兰·德波顿的话说，是一种"让世界变得更美好更幸福"的艺术。费慰梅的艺术美感和林徽因的艺术感觉，也是极为相似的，非常温婉。

住在北京胡同的那段时间，费慰梅经常骑着自行车或坐人力车在天黑前到梁家找林徽因，两个人在起居室一个暖和的角落里坐下，并泡上两杯热茶，开始推心置腹地倾谈。她们有时比较中国和美国不同的价值观和生活方式，有时谈文学艺术，并把对方不认识的朋友的追忆毫无保留地告诉对方。林徽因谈得最多的当然是徐志摩，她给费慰梅大段大段地背诵徐志摩的诗，从她闪着泪光的眸子里，费慰梅读出了那一份深深的思念。

有时，费正清夫妇到梁家的时候，林徽因在"太太客厅"朗诵中国的古典诗词，那种抑扬顿挫、有板有眼的腔调听得他们直入迷。虽然文化有差异，但对文学和艺术的共同热爱令费慰梅和林徽因有很多共同话题，她们能将中国的诗词和英国诗人济慈、丁尼生或者美国诗人维切尔·林赛的作品进行比较，时常谈起哈佛广场、纽约的艺术家及展品、美国建筑师弗兰克·劳埃德·赖特、剑桥大学巴格斯校园。费慰梅还有修复拓片的爱好，她与林徽因有更多的共同语言。

在林徽因心情不好的时候，费氏夫妇便拉上她到郊外去骑马，林徽因在马背上的坐姿真是帅极了，连号称美利坚骑士的费正清也叹为观止。因为经常去骑马，林徽因索性买了一对马鞍、一套马裤，穿上这身装束，她俨然成了一位英姿勃发的巾帼骑师。

林徽因的这位唯一的闺蜜和她的丈夫，为梁林夫妇做了很多重情重义的事情。尤其是在很困难的李庄时代，给予林徽因的帮助令林徽因一家度过了极为困窘的时候。

2002年，92岁的费慰梅安详离世。据说，她的追思礼的程序单内页，除了印着自己年轻时的照片，还印着林徽因所作的一首小诗。她一直记挂着这位早她离世的挚友，她们相互间也值得信任和依恋。

每个女人的人生旅途中，都拥有或者曾经拥有几个亲如姐妹的知心朋友。也许她们很久不见，但每一次见面都无话不谈；也许她们喜欢一起逛街血拼，又一起丈量远方的风景；也许她们曾微有嫌隙，但一遇到难题，却谁也离不开谁；也许经历了生命的挫折挣扎之后，她们彼此倾诉，相互温暖。

闺蜜是最亲爱的人。父母兄弟身边男人都未必知道的秘密心事，闺蜜都了如指掌。互相掌握了许多隐私和"内幕"，使得闺蜜们对彼此生活的参与度大过了想象。你买白色黑色的衣服会去问问闺蜜，和男友吵了架闺蜜也会第一时间知道消息。

绝大多数女人会对同性产生信任和依赖的感情，因为这是一个与自己完全相同的群体，她们能够理解和体会你的所有悲喜，并给予你最贴心的关怀和帮助。所以，专家说，让女人最放松、最舒适的减压方式，既不是健身操，也不是长途旅游，而是向同性密友开怀倾诉。

美国心理学家开端·米勒博士在一次调查报告中公布，87%的已婚女人和95%的单身女人认为，同性朋友之间的情谊是生命中最快乐、最满足的部分，这种情感关系也是最深刻的，为她们带来一种无形的支持力，就像空气般可靠。西方心理学家也指出，拥有稳固的同性朋友是现代女性健康生活的最重要的方式之一。

有些事情，当你不愿、不便、不能找别人帮忙的时候，就会发现，闺蜜就是最珍贵的宝贝，是一个让你取之不尽、用之不竭的友情资源。

因此，女人一定要有个闺蜜能讲出你的故事，说出你的情感烦恼，在人际关系和工作生活等方面，无论你碰到了任何难题，闺蜜那里总是最好的疗伤场所。

4. 风度和教养是你的第一张名片

这是发生在美国纽约曼哈顿的真实故事。

一天，一位40多岁的中年女人领着一个小男孩走进美国著名企业"巨象集团"总部大厦楼下的花园，在一张长椅上坐下来。她不停地在跟男孩说着什么，似乎很生气的样子。不远处有一位头发花白的老人正在修剪灌木。

忽然，中年女人从随身提包里拉出一团白花花的纸巾，一甩手将它抛到老人刚修剪过的灌木上面。老人诧异地转过头朝中年女人看了一眼，中年女人满不在乎地看着他。老人什么话也没有说，走过去捡起那团纸巾把它扔进了一旁装垃圾的筐子里。

过了一会儿，中年女人又拉出一团纸巾扔了过来。老人再次走过去把那团纸巾拾起来扔到筐子里，然后回到原处继续工作。可是，老人刚拿起剪刀，第三团纸巾又落在了他眼前的灌木上……就这样，老人一连捡了中年女人扔过来的六七团纸，但他始终没有因此露出不满和厌烦的神色。

"你看见了吧！"中年女人指了指修剪灌木的老人对男孩大声说道，"我希望你明白，你如果现在不好好上学，将来就跟他一样没出息，只能做这些卑微低贱的工作！"

老人听见后放下剪刀走过去，和颜悦色地对中年女人说："夫人，这里是集团的私家花园，按规定只有集团员工才能进来。"

"那当然，我是'巨象集团'所属的一家公司的部门经理，就在这座大厦里工作!"中年女人高傲地说道，同时掏出一张证件朝老人晃了晃。

"我能借你的手机用一下吗?"老人沉默了一会儿说。

中年女人极不情愿地把手机递给老人，同时又不失时机地开导儿子："你看这些穷人，这么大年纪了连手机也买不起。你今后一定要努力啊!"

老人打完电话后把手机还给了妇人。很快，一名男子匆匆走过来，恭恭敬敬地站在老人面前。老人对来人说："我现在提议免去这位女士在'巨象集团'的职务!"

"是，我立刻按您的指示去办!"那人连声应道。

老人吩咐完后径直朝小男孩走去，他伸手抚摸了一下男孩的头，意味深长地说："我希望你明白，在这世界上最重要的是要学会尊重每一个人。"说完，老人撇下三人缓缓而去。中年女人被眼前骤然发生的事情惊呆了。她认识那个男子，他是"巨象集团"主管任免各级员工的一个高级职员。

"你……你怎么会对这个老园工那么尊敬呢?"她大惑不解地问。

"你说什么? 老园工? 他是集团总裁詹姆斯先生!"

中年女人一下子瘫坐在长椅上。

这个故事进一步说明只有真正学会尊重他人、尊重身边的每一个人，才能得到他人的尊重，最终才不会使自己受到损失。

哲学家威廉·詹姆士说过："潜藏在人们内心深处的最深层次的动力，是想被人承认、想受人尊重的欲望。"渴望受人喜爱、受人尊敬、受人崇拜，这是人类天生的本性。但是，有取必有予，我们希望获得些什么，也就必须先付出些什么。我们希望获得别人的尊重，这就要求我们每一个人都要学会尊重他人，这样我们才能获得别人的尊重。

英国著名教育家斯宾塞说过："野蛮产生野蛮，仁爱产生仁爱。"尊重，是人际关系的起点。不尊重他人，他人也不会尊重你，也不可能信任你，这样你就会失去许多朋友的支持。

古人云："尊人者，人尊之。"只有尊重自己的交往对象，交往对象才会尊重你。在互相尊重的气氛下，交往才能顺利进行。所以，人与人之间的交往，都应建立在真诚与尊重的基础上。

5. 泪水太多，就会变得廉价

很长一段时间里，有人把女人的眼泪当成征服男人的最好武器。可很多时候，男人并不喜欢"眼泪瓶"。女人的眼泪，默默含着柔情，令人疼惜。但总是"梨花带雨"的女人，常常软弱得没有主见和智慧，让人感觉压抑，不愿意亲近。

女人想要获得幸福，把哭泣当成事业是没有成效的，泪水太多，就会变得廉价。哭只是一种发泄的途径，眼泪再多，心也要坚强。

女人应该把哭当作一场洗礼，哭过之后，就要清扫心中的垃圾，轻松上阵，相信人生没有什么过不去，而后微笑面对明天，让彩虹在泪水之后绽放在天空。

为了追求理想中的爱情，33岁的江玲成了名副其实的剩女。然而和大部分挑剔高傲的剩女不太一样，她有着一颗太自卑的心。当然，她长得并不丑，身材苗条，容貌清秀，也有一份不错的工作，是单位的骨干力量。

因为始终抱着宁缺毋滥的心态寻找属于自己的爱情，直到28岁，江玲仍然未认认真真地谈过一次恋爱。然而28岁那年，她却患上了一种慢性免疫系统疾病，虽然这种病不会传染，也不会遗传，但必须终生服药控制病情。

得知消息的那一刻，江玲几近崩溃，对人生抱着悲观心态，几次想到了自杀。为了父母，她选择了坚强地活下去。为了却父母多年的心愿，当务之急，她收起了对爱情的幻想，决定找一个对自己好的人结婚生子。经过筛选，江玲锁定了大学同学陈晨。陈晨从上大学开始就喜欢上了江玲，对江玲可谓死心塌地，毕业六年了，仍然不忘每年情人节送她玫瑰。江玲想，这样一个死心塌地对自己好的人，除了父母，世界上恐怕没有第二个人了。于是，她答应了陈晨的恋爱请求，并且将自己的病情告诉了他。陈晨表现得很坚决，说道："不用怕，有什么困难我们一起面对！"江玲听完非常感动，陈晨明知她有病，还愿意与她一同面对，这份深情，她下定决心要用一辈子来回报。

但是，他们的恋情却遭到了陈晨父母的强烈反对。开始时，陈晨还与父母抗争，然而，老人坚决不同意。后来，陈晨在见过家人为他安排的相亲对象后，告诉江玲，在她和父母之间，他只能选择顺从父母。

陈晨的抛弃，无疑给了江玲又一重大打击。但江玲是一个遇强则不弱的人。经过撕心裂肺的恨之后，她再次选择了坚强，重新振作。江玲开始相亲，开始微笑着去争取自己的幸福。

半年后，她遇到了温东。温东是个工程师，斯文帅气。第一眼看到他，江玲觉得此前所受的磨难是老天对自己的考验。他是她一直期待的白马王子，他的一切，她全部都爱。温东对江玲也颇有好感，两个人很快就确立了恋爱关系。相恋一个月后，江玲将自己的病情告诉了温东，温东很坦率地说，自己不在乎。那一刻，江玲觉得自己是世界上最幸福的人。

这是江玲第一次投入地爱一人，她毫无保留地爱着温东，很珍惜这段来之不易的感情，处处为他着想。然而，同样的事情再次发生，温东的父母也不同意两人的恋情。江玲提出了分手，温东没有丝毫犹豫就同意了。江玲第一次体会到万箭穿心的滋味。四年来，她吃药比吃饭还要多，她曾一个人上手术台，一个人回家，自己在手术单上签字……她一直以为自己可以坚强地撑下去。

江玲卸下了所有的坚强，大颗眼泪从她的脸颊滴落下来，把心里的苦，一股脑全发泄出来：生活如此不公，命运如此无常。

痛快地大哭一场后，江玲的情绪渐渐冷静下来，她才慢慢地起身，到窗边拉开窗帘。窗外阳光明媚，欢声笑语。她在心里悄悄地对自己说："要坚强，哭一场，就忘记过去吧。好好生活，重新开始，陷在痛苦里不肯自拔，折磨的只是自己。"

生活就像五味瓶，酸甜苦辣咸；生活就像是气球，也有一定的承受能力。从某种意义上说，江玲是不幸的，也是坚强的，但坚强也要有限度。当痛苦冲破了人的承受底线，适当的哭泣不失为最好的方法，但哭过就算了，别沉浸在悲伤里不能自拔。

哭是一种发泄方式，感觉撑不住的时候，大哭一场，不代表软弱，只是坚强了太久，女人需要释放内心的创伤，寻回勇气。不要总渴望让别人来同情和可怜自己，不要遇到一点困难和挫折，就认为生活的路走到了尽头，再没有回转的可能。你退缩了，畏惧了，才是真的失去了希望。

记得一首诗歌里这样写道："跟你一样，我已懂得忘却，早已不为任何理由哭泣。可是每逢八月，令人害怕的雨总是滂沱。我流着泪走在雨中，不需要同情和怜悯。雨水流淌，连着八月的梦境，如同爆发前的火山，岩浆在沸腾，寻找着裂口，完成一次救赎。"

此刻的你，若是感到难过，若是感到委屈，若是感到痛心，尽管大哭一场吧。哭泣之后，擦掉眼泪，收起狼狈，绽放笑容，自信满满，以最好的姿态展示人前。做一朵坚强的玫瑰，在每一个清晨雨露中，笑着迎接阳光，笑着迎接风雨，幸福就会悄悄降临到你的身上。

第七章

低质量的社交，
不如高质量的独处

很多人都说女人是天生的社交家，所以，身为女人，就要把这种天赋挖掘出来。但，身为一个高贵的女人，在社交中，千万要注意交往的质量，与其交一堆低质量的朋友，倒不如静静地独处。

1. 打造自己的 "权贵" 圈子

正如欧洲首席致富教练谢菲尔所说："要想成功，经常和已经取得成功的人士打交道是有好处的。少和不思进取的人在一起，这些人很可能为人都不错，然而对于你的成功没有什么帮助，只有负面影响。"

关雪大学毕业后进入了一家化妆品公司工作。她在学校主修的专业是哲学，对商务活动的各项事务都很陌生，于是她就利用业余时间去了解一些经典的营销策划方案。

由于一次非常偶然的机会，关雪得到了董事长的欣赏和肯定，从此信心大增，越来越有干劲，在公司里发展得十分顺利。董事长成了关雪的 "贵人"。

有一天，老总召集全体员工开会，宣布公司马上要实施一个新的项目，并说明了这次策划方案的大体要求。关雪冥思苦想了一会儿，突然灵机一动，想起她刚看过几个类似的经典案例。第二天，她把自己的想法跟那些案例结合起来，做了一份详细的意见书交给部门经理。

三天后，老总把关雪叫进了自己的办公室，让她再具体描述一下她的设想和思路。关雪开始认真地叙述。这时，有一位中年男人从里间走出来，静静地坐在另一侧的沙发上。

接下来，老总又问了好几个问题，关雪都对答如流。老总对这些回答非常满意，连连点头。旁边的那位中年男人走过来，对她说："你叫什么名字，在哪个部门？你的想法很好，非常实用，我们相信你一定能做好！"

关雪怎么也没有想到，这位仪表端庄的中年男人竟然是公司的董事长。得到了董事长的肯定和表扬以后，她的积极性一下子被调动起来，自信心越来越强，做出的方案也一个比一个棒。

后来，董事长每次来公司视察时，都会表扬关雪几句。而她在工作上变得一帆风顺，职位也一再提升。

贵人有各种各样，首先就是你身边那些握有资源、权力的人。从广义的角度来说，那些对你有知遇之恩的人，比如你的领导和上司，偶尔接触到的成功人士，把重要任务和高难度工作交给你的人，甚至对你挑剔苛刻但又给你机会改正的人，都可能成为你的贵人。

拥有自己的"权贵"圈子，并利用好这个资源，是让你获得快速发展的重要方法。那么，女人怎样才能打造自己的"权贵"圈子呢？

创造更多与他人接触的机会

对于许多女性来说，在她们生活的环境或从事的职业中很难接触到更多的人，就别说"权贵"了。确实，当工作和生活的节奏越来越快时，女人们不仅要努力工作，还要不断学习，参加团体活动的机会也越来越少，那么你就不妨把相聚、工作和学习合为一体。

亲友团：在家庭内部、亲戚和朋友圈中，总有欣赏你的人，他们和你性情相近，志趣相投。在他们身边，你会自我感觉良好，精神振作。他们喜欢你，因为你的快乐而快乐。因此，你必须为你的个人关系圈抽出时间，这样才能让你保持恒久的动力。

社交圈：与私交关系相比，有些人略显疏远，你或许只能在各种俱乐部、兴趣爱好小组、不同名目的聚会上碰到他们。你们拥有一些共同的爱好，比如散步、远足，或看电影。

专业圈：这个圈子显然比别的关系圈更为疏远。你只能在本专业的协会、学会、同学会，专业会议和工作场所见到某些人。你可以在各种培训活动或者会议中结识他人，拓展你的社交圈。

再穷，也要站在富人堆里

这里说的"富人"，不仅仅指物质上富有的人，还包括精神上富有的人。一个人要和什么样的人交往，要付出多大的精力和财力去实现这些交往，主动权在我们自己的手里。能不能突破自己目前的交际圈子，昂首挺胸地钻进富人堆里，决定权也在我们自己的手里。如果你渴望成功，那就不要害怕与顶尖人物交往。顶尖人物并不是神明，他们也有交往的需求，也有需要帮助的时候。拒绝与顶尖人物进行交往，实际上就是拒绝了自己成为顶尖人物的机会。

只有多结交有权有势的朋友，站在成功者的队列里，你才能够用他们的方式考虑问题，渐渐拥有成功者的思维方式。同时，他们也有自己的人际关系，消息灵通，可能一句话就会改变你的命运。正因为有这样的机遇，所以你的目光一定要放远。

真心待人，与人为善

有时候，我们很难一眼就看出谁是将来能给予你帮助的人，因此你在结识朋友的时候，千万不能有急功近利的想法，不要觉得他人暂时帮不上你，你就待人冷淡。只有真诚待人，你才能换来他人的诚意，这当然也包括你的"贵人"。

平时不要板着面孔，对别人不闻不问，这样会让他人对你避之不及。你要待人亲切有礼，经常微笑，这会让周围的人觉得你很容易接近。发生矛盾时，你也要设身处地地为对方多想想。与人为善，就会增进别人对你的好感。

加强沟通，增进感情

俗话说："人熟是宝。"如果你想接近一些优秀的成功人士，首先就要对他们多了解、多熟悉。当然，你平时就要多花些时间同他们加强联系，相互沟通。

沟通的方法多种多样，其中最直接的方式就是多接触。见面是增进人与人之间互相了解的最佳途径。抽空给对方打个电话，发个短信，因为简短的问候和祝福也会温暖人心。如果你能够做到这几点，那么说明你是个有心人，你的"权贵"圈子就会越来越大。

你的"权贵"圈子并不能百分之百地保证你能获得升迁，但你由此可以提升自己，并获得更多的机会。你可以从你的"权贵"圈子中找到改变命运的金钥匙，然后靠自己的智慧、努力和坚毅来获得成功，最后得以和那些"权贵"比肩而立！

2. 怎样才能嫁给一个总统

怎样才能嫁给一个总统？

俄新社给出的答案是：成为未来总统的同班同学，至少同校。希拉里在耶鲁图书馆遇到了单相思已久的克林顿，戈尔巴乔夫在莫斯科大学念书时认识了赖莎，奈娜在乌拉尔工学院读书时嫁给了同年级的叶利钦，而梅德韦杰夫在中学就爱上了斯维特兰娜。

对于女人来说，早早结识那些还没开始发光的潜力股不仅仅是为了结婚，在未来的人生路上，这些人脉才是你最大的财富。很多时候，认识谁比你是谁更加重要！

在麦当娜主演的电影《贝隆夫人》中，麦当娜出演的是艾薇塔——一个穷裁缝的私生女。艾薇塔的出身极其卑微，她的童年生活可以说是一场噩梦，不过，艾薇塔却并不甘心于此，她一直怀有一个远大的理想——做"阿根廷的大人物"。阿根廷当时是男权社会，一个女人如果想出人头地，大概唯一的一条途径，那就是做演员。为了实现自己的理想，艾薇塔不惜对当时的著名歌手奥古斯汀·马加尔迪以身相许，她提出的唯一条件是带她去阿根廷的首都布宜诺斯艾利斯。艾薇塔认为，只有到了布宜诺斯艾利斯，她才有机会遇到能够改变她的一生的那个人。艾薇塔的想法在一般人看来简直不可理喻，不过在她看来，这是她所有的梦想，为了自己的梦想，她甘愿付出一切。

不过现实是，奥古斯汀·马加尔迪早就有了家室，他之所以答应艾薇塔的请求不过是抱着玩弄的心态。刚到布宜诺斯艾利斯，奥古斯汀·马加尔迪就将艾薇塔抛弃了。此时的艾薇塔身无分文，不过她仍然不肯放弃，坚持留在这个陌生的大城市，为了她那个看起来不切实际的梦想而努力。艾薇塔靠自己的天生丽质穿梭于各种权贵男人中，寻找着可以帮助她实现梦想的人。终于，在一次宴会上，艾薇塔遇上了当时极富声望的政治明星贝隆上校，艾薇塔立即意识到，这个男人将是能够让她实现理想的人。幸运的是，贝隆上校也被艾薇塔的个性和才华深深吸引，两个人最终走到了一起。

在艾薇塔的帮助下，贝隆上校最终成了阿根廷总统，艾薇塔也成了阿根廷第一夫人，凭着美丽性感的外貌和常人所不具备的远见卓识以及永不言败的激情，她用她的风采谱写了一个贫苦出身的女子到阿根廷第一夫人的传奇。

艾薇塔的成功很大程度上归功于，她通过努力找到了能够带她步入上流社会的贝隆上校。

由此可见，不论你现在是什么身份，是身无分文的才女也好，是流落街头的乞丐也好，这些事情是没有任何人关心的，并且它们也一点都不重要，最关键的是，你如何踏出改变人生的第一步。靠自己努力吗？也许努力一辈子，人生都只是绕圈子。但如果你能够找到一个拥有足够的力量改变你命运的关键人物，这个关键人物就像一条宽广的河流，会一直带你通往成功的海洋。

人脉是一种无形的资产，但是它可以为你带来实实在在的帮助，也可以化作有形的财富，只要你善于经营人脉，利用人脉，你的人生路一定会越走越宽广。

可是，我们应该认识谁？又该如何去认识他们呢？

首先，找出人脉中8%的关键人物。

据统计，决定一个人生活质量的人只占一个人所有人脉中的8%，正是这为数不多的8%的人决定和影响了我们的一生。他们极可能是你的导师——帮你指出人生路上的迷惑，指明人生方向；可能是一位医术高超的医生——能帮你和你身边的亲友减少健康方面的顾虑；可能是一位熟知国家法律的律师——使你不会因日常生活中的纠纷所困扰；也可能正是你的爱人——在你人生中最困难的时候无条件地给予你最大的支持和鼓励……

这些重要的人物影响和决定了你的一生，所以，与其将多余的时间浪费在毫无意义的娱乐、聚会上，不如将时间更多地分给这些重要人物。

其次，你要明白——真正的友谊需要沉淀。

千万不要以为有过点头之交，你们就可以成为朋友了。要知道，真正的友谊是需要积累和沉淀的，像比尔·盖茨与他的老友史蒂夫·鲍尔默，他们的友谊长达几十年，他们不仅是商场上的战友，私底下也是很要好的老友。

第三，抓住你的"入门票"。

人脉就是普通人借以改变命运的入门票，这张入门票你我都可以轻易拥有，如果你很好奇社会精英们的世界究竟是怎样的，那么，不妨从得到这张入门票着手吧。

3. 助人为乐有底线，求人帮忙有上限

俗话说："在家靠父母，出外靠朋友。"靠朋友，就是靠别人帮忙。老人们常说，自己力所能及的事情，尽量不要去麻烦别人，因为求别人帮忙，就会欠人家的情。而人情也是一种"债"，欠了债当然要还。如果一个人欠债太多，不论钱债还是情债，都不会过得很开心。

在生活中，你最难偿还的债务，不是金钱，而是人情债。"滴水之恩，当涌泉相报"是人际交往时要遵循的金科玉律。如果你欠情不还，就会被痛骂为忘恩负义的小人。很多女人依赖性很强，遇到一点什么事都要请求别人的帮助：自己生了一点小病，马上让同事为自己代班工作；手头紧了，向周围所有的人借钱；工作丢了，自己不努力去找，而是让别人介绍新工作。结果，人家怕被她"缠"住，渐渐地疏远了她。

相反，还有很多女人热衷于给别人提供帮助，无论对方是否愿意接受，她都孜孜不倦地奉献出自己的"爱心"：当别人生病了，她马上嘘寒问暖；当别人缺钱的时候，她恨不得把全部家当都拿出来救急；当别人失业了，她恨不能把自己的工作让给别人。她总是表现出一副"爱心大姐"的样子。结果，别人却因为不想欠她太多的情，而离她越来越远。

一方面，求人办事，会让你产生"不好意思"的心理亏欠或负疚感；另一方面，很多人情债，常常让你借得起却还不起。一旦别人帮了忙，就等于你赊了账，不管何时何地、用什么方式，你始终都要偿还。如果别人只帮你解决了一时的小问题，等你酬谢过后，这笔人情

账可能也就还完了。如果有人在关键的时刻拉你一把，帮你解决了人生大事，恐怕你很难还清这笔人情账了。

倘若碰到居功自傲的人，他每次看见你就说："当初要不是我，你怎么会有今天！"这辈子你都会欠他的人情，在他面前你要时刻恭敬谨慎，否则就会背上一大堆骂名。

当然，你不可能由于害怕"还情"而永远不欠人情债，做到"万事不求人"。"一个好汉三个帮"，谁都难免向人开口求助。然而，别人只能解一时之困，你若想实现长远的目标和梦想，还需要敢于拼搏、努力奋斗。

在一般情况下，求人帮忙很难。但如果对方欠了你的人情，请他们办事就比较容易。就像《水浒》里的宋江，要论文才武艺、家世财富，他没一样拿得出手，但他却偏偏当上了梁山泊众多好汉的首领，原因就在于他是"及时雨"，懂得在别人最需要的时候给予帮助。

人人都需要别人的关心和爱护，但每个人希望获得的帮助各有不同。在日常交际中，聪明的女人不妨学学宋江，遇到他人需要扶危解困的关键时刻，不妨主动伸出援手，奉上人情，有能力的时候，你更可以多关照别人。这样，你何愁没有好人缘？日后办事也能顺顺利利。

其实，帮助别人，并不需要付出很大的牺牲和代价。对于陷入困境的人，吃一碗热腾腾的米饭，喝一口暖茶，也许就能让他度过最寒冷、最凄凉的时刻，缓过劲来，努力振作；对于迷失方向的人，几次推心置腹的开导、劝解，就会帮他走出歧途，重新树立人生目标。

但是，你千万不能为了显示自己的乐善好施、乐于助人，在公众面前装模作样，把自己打扮成一副"慈善家"的样子。你应该记住，帮助别人后不要常挂在嘴边，更不能时时以恩人的身份自居。否则，别人不但不领情，反而认为你在装腔作势、沽名钓誉。

真诚的帮助一定是发自内心的，只有真心地帮助人，才能让大家相信你。也只有设身处地地为他人着想，才能打消对方的顾虑，乐于接受你的帮助。

事实上，我们难免会看见一些帮助他人未必有好报的故事，一个人最大的敌人也有可能就是那些得到他帮助最多的人。这是由于你过多的帮助会让对方显得很自卑，而且你强大的实力和能力越发衬托出他的渺小无能。

古人常常说"施恩不望报"，意思是说帮助他人不要求回报。帮助他人时要真诚、自然，不要让他人觉得是一种负担，是一笔"人情债"。这个时候，为了平衡他人的心理，你也可以接受他人的帮助，实现"礼尚往来"。

所以，聪明的女人既要有助人的心意，又要把握助人的限度，千万不要帮过了头。

4. 挖掘社交天赋，让自己如鱼得水

很多人都说女人是天生的社交家。女人独特的社交能力可在社交活动中起到举足轻重的作用。所以，一个想获得幸福的女人，就要把这种天赋挖掘出来，让自己如鱼得水。

对一个人的人生而言，群体活动是其中的重要环节，人就是在群体活动中生活的。没有社会，没有群体活动，人生就会变得枯燥无味，甚至了无情趣。因此，社会问题就成了人生的焦点问题之一。人们一般认为，在社交场合中，女性较之男性往往具有独特的社交优势，具体表现在以下两个方面。

其一，细微而敏锐的观察力。

在人与人之间的交往中，离不开对人的观察和分析，因为人们不一定用语言来表达全部思想和情感，当对方默默无语时，善于观察的人，就能从对方的姿态、眼神和动作中了解他人的真实情感。心理学家通过实验后认为，女人的观察力胜过男人，并将此归结为母亲的角色体验。在婴儿出生后的一段时间内，完全靠婴儿的啼哭、微笑以及其他动作表情来辨别婴儿的需要和情感，因而使女性的观察力更加细微又敏锐，而男子却较为迟钝。正是因为女性具有细微又敏锐的观察力，在社交场合中，她们往往能够得心应手而不至于陷入窘境。女性通过细微的观察，从对方的衣着打扮、言谈举止中判断对方的性格，捕捉真实的信息，以采取相应的对策。

其二，自然的柔情。

人类社会交往是以情感为凝聚力的。古往今来，女性优雅的举止、婀娜的身姿、甜美的嗓音、温柔的性格曾获得多少文人骚客的赞美！女性感情细腻，注重情感，在许多社交场合，女性以柔情化解矛盾，增加友谊，显示出强大的社交力量。

虽然具有很多优势，但是很多年轻女孩仍会担心："我人微言轻，又无经验，人脉不就是互相帮忙吗？我帮不上别人的忙，人家凭什么来和我打交道呢？"其实这是一种误解。

有人说，女人30岁以前靠能力，30岁以后靠人脉。为什么要等到30岁以后呢？就是等你和你的人脉网一起成长。大家的能量都在往上涨。所以，开始建立人脉时，你一定要热心，你的贡献越大，价值就越大，反过来，别人愿意替你付出的也越多。

首先要做到乐意和别人分享——分享知识，你的专业知识有时能帮上很多人的忙；分享资源，包括物质和朋友关系方面的；分享爱心，实在帮不上忙，表示真诚的关心，别人也会铭记在心。

　　现在的社会，内向的人确实比较吃亏。这样的人，可以考虑多使用网络积累人脉。与网友建立了许多"小圈子"，有人讨论IT技术，有人搞摄影登山。你在现实中不敢和人多说话，在网上总没有障碍了吧？

　　很多年轻人抱怨自己认识的人太少，建议是：不要选择，所有的人脉一概积存维护起来。而最简单的办法，就是利用工作途径，把工作中认识的人变成你的人脉。

　　除了"大人脉"，"小人脉"也不能忽视。什么叫"小人脉"？举个例子，我若想添点儿文具，就去拜访一位做行政的朋友。她拉开抽屉，拿出一大本名片，分门别类告诉我：如果急用，可以找供货商老张，他送货上门；如果希望价钱最低，自己可以跑去七浦路某某摊位找小陈；总之不要去超市，比较下来那里价钱最贵。所以，小至送水、送复印纸的供货商，你都可以转化成自己的资源，以备不时之需。这种"小人脉"，不费心不费力，多半不必特意维护，只需花心思建立清晰的名片夹或数据库便可。

　　对于年轻人来说，如果实在少有机会发展人脉，不妨从客户入手。跟老板出去见客户，拿到四五张名片，等于废纸——很难跳过老板与客户进行事后交流。但如果项目谈成，老板通常不会自己跟进，这时，就是与客户建立关系的最佳时机。

　　项目结束后，当然不适合再与客户交往，但你可以以推荐人的身份出现："朋友有个项目，我觉得你们比较合适，是不是找个时间聊聊？"既帮朋友拓宽了选择面，又替客户搭上了线，不就是为人脉加了一剂润滑油？

5. 真正的自信是一种睿智

这个时代充斥着物欲的身影和浮躁的气息，自信在不经意间就成了一种奢侈。时下所谓的自信，多流于无知的轻率或任性的固执，或目空一切，或刚愎自用，或一意孤行。人们把目光短浅的狂妄叫做自信，却不在意其盲目；人们把阻言塞听的自负叫做自信，却不在意其狭隘；人们把掩耳盗铃的鲁莽叫做自信，却不在意其愚昧。自信仿佛成了点缀个性的奢侈之品，体现性格的装饰之物。而真正的自信是一种睿智，那是胸有成竹的镇静，是虚怀若谷的坦荡，是游刃有余的从容，是处乱不惊的凛然。

有一个墨西哥女人和丈夫、孩子一起移民美国，当他们抵达德州边界艾尔巴索城的时候，丈夫不告而别，留下她束手无策地面对两个嗷嗷待哺的孩子。22岁的她带着不懂事的孩子，饥寒交迫。虽然口袋里只剩下几块钱，她还是毅然地买下车票前往加州。在那里，她给一家墨西哥餐馆打工，从大半夜做到早晨6点钟，收入只有几块钱。然而她省吃俭用，努力储蓄，希望能做属于自己的工作。

后来她要自己开一家墨西哥小吃店，专卖墨西哥肉饼。有一天，她拿着辛苦攒下来的一笔钱，跑到银行向经理申请贷款，她说："我想买下一间房子，经营墨西哥小吃。如果你肯借给我几千块钱，那么我的愿望就能够实现。"一个陌生的外国女人，没有财产抵押，没有担保人，她自己也不知能否成功。但幸运的是，银行家佩服她的胆识，决定冒险资助⋯⋯

15年以后，这家小吃店扩展成为全美最大的墨西哥食品批发店。她就是拉梦娜·巴努宜洛斯，曾经担任过美国财政部部长。

这是一个平凡女人的自信带来的成功。自信使她白手起家寻求生路；自信给了她战胜厄运的勇气和胆量；自信也给她带来了聪明和智慧。任何人都能成功，前提是你肯定自己、相信自己一定会成功。

自信与胆量密切相关，自信可以产生勇气，同样，勇气也可以产生自信，而缺乏胆量或过分的自我批判就会削弱自信。

自信是成功人生的最初的驱动力，是人生的一种积极的态度和向上的激情。

同是享用一盘水果，有的人喜欢从最小最坏的吃起，把希望放在下一颗，感觉吃过的每一颗都是盘里最坏的，这盘水果就彻头彻尾成了一盘坏水果。相反，有的人喜欢从最好最大的吃起，那么吃下去的每一颗都是盘里最好的，美好的感觉可以维持到最后。

这是一种奇妙的非逻辑性的感觉，充满心理错觉和心理暗示。

自信与自卑，也是如此。主动与被动仅一字之差，但生命却如同吃这盘水果，结果却悬隔万里。

同是阴雨天气。自信的人在灵魂上打开一扇天窗，让阳光洒在心里，由内而外透射出来，神采奕奕精力充沛，让你感觉得到温暖。自卑的人却在灵魂上打了一排小孔，让阴雨渗进去，潮湿的霉气散发出来，她站在阴暗的边缘，一不小心都会漏掉。

同是看一个人，一个比自己优秀的人。自信的人懂得欣赏，并在欣赏的过程中充实自己，相信"我可以更好"；自卑的人萌生嫉妒，并在嫉妒的过程中不断丑化对方，让自己相信"原来我看错了"。

自信不是初生牛犊不怕虎的意气，也不是搬弄教条经验的冥顽。

自信不是孤芳自赏，不是夜郎自大，也不是毫无根据的自以为是和盲目乐观。自信的魅力在于它永远闪耀着睿智之光。它是深沉而不浅表的，是一种有着智慧、勇气、毅力支撑的强大的人格力量。

真正自信者，必有深谋远虑的周详，有当机立断的魄力，有坚定不移的矢志，有雍容大度的豁达。它蕴涵在果决刚毅的眉宇之间，是夸父追日，生生不息；它潜藏在宽阔博大的襟怀之中，是高瞻远瞩，胸怀全局；它浮现在力挽狂澜的气势之上，是审时度势，取舍自如。

乐观的态度、自信的人生，是充实而又富有的，是另一种别样的财富，这种财富只有乐观自信的人才会拥有。

自信的魅力在于它永远闪耀着睿智之光。它是深沉而不浅表的，是一种有着智慧、勇气、毅力支撑的强大的人格力量。

6. 把握机会，充分施展才华

每个人生活中的每时每刻都充满了机会。你在学校里的每一堂课都是一次改造思想的机会；每一次考试是一次检验自我的机会；每一篇发表在报纸上的文章是一次自我完善的机会；每一次商业买卖是一次走向成功的机会；每一次人际交往是一次展示优雅与礼貌、果断与勇气的机会，也是一次表现你诚实品质的机会，同时也是一次结交朋友的机会。

物竞天择，适者生存。你要利用一切机会，充分施展自己的才华，那么这个机会所能给予的东西就远远大于它本身。

1982年，英国与阿根廷因马尔维纳斯群岛主权之争而爆发大规模军事冲突，阿根廷战败，军政府倒台，国家重归民主政治轨道。基什内尔心中的政治之火重新燃起，随即投身竞选活动。1991年，他成功当选圣克鲁斯省省长。

克里斯蒂娜的政治生涯几乎是与丈夫同时起步和发展的。1989年，她竞选获胜，出任省议员。事实上，这让克里斯蒂娜先丈夫一步，成为阿根廷的全国性政治人物。1995年，她角逐国会参议员获胜，两年后又成为国会众议员。

克里斯蒂娜的政治潜质令国会同僚刮目相看。她聪敏机智，言语犀利，做起事来巾帼不让须眉。在圣克鲁斯省，她打击反对派时攻势之凌厉，让部下都噤若寒蝉，因此有了"女巫"之名。在参议院，她的作风同样泼辣，使诸多男议员甘拜下风。

在丈夫出任阿根廷总统之后，借助总统丈夫的支持，她抓住机会成为了阿根廷的女总统。"当一位深受民众拥戴的总统，在民意测验表明他能保住总统宝座的情况下放弃连任机会，提名妻子参加大选，你除了惊愕于爱情的力量之外，别无选择。"有媒体将基什内尔和克里斯蒂娜的换位，归因于爱情。但当她依靠自己的才华取得第二次总统连任时，她得到了全世界的肯定。

有智慧眼光的自信女人能够从琐碎的小事中发掘机会，而目光狭窄的女人却轻易地让机会像时间一样从眼前飞走。有的人在其有生之年处处都在寻找机会。他们就像千里马找伯乐一样，寻找一个展示自我，提升自我的平台。对于有心成功的女人而言，每一个她们遇到的人，每一天生活的场景，都是一个机会，都会在她们的知识宝库里增添一些有用的知识，都会给她们的个人能力注入新鲜的血液。

伟大的成功和不俗的业绩，也永远属于那些有准备的女人们，而不是那些一味等待机会的人们。年轻女性更应牢记，良好的机会完全要由自己创造。如果以为个人发展的机会在别的地方，是别的什么因素，那么你一定会在机会面前碰得鼻青脸肿，面目全非。机会其实包含在你良好的素养、学识的积累、进取的身影之中。

失败的女人喜欢说，自己之所以失败是因为天时不时、地利不利、人和不和，因此好位置就只好让别人捷足先登，等不到她们去竞争。而有意志的女人决不会找这样的借口，她们不是在等待机会，而是靠苦干努力去创造机会。她们深知，唯有自己才能给自己创造机会。而一旦有了机会，她们决不放弃磨炼自己、完善自己的阶梯。正是顺着这些阶梯，她们才一步步走向理想之巅。

其实，成功是没有秘诀的，要有的话那就是立即行动起来。天上是不会掉馅饼的。你只有行动起来，才会发现异样的景色，才会发现原来的景色是那样单调与乏味，也才会发现更五彩斑斓的地方其实并不遥远。

许多女性做事都比较缜密，一件事非等筹划到自己认为万无一失，才开始行动，刚刚踏入社会的年轻女性尤其是这样。其实，人算不如天算，所谓的周密计划往往会使你错失良机。

不管是生活中还是工作中的目标，并非都是"生死攸关"的。而事实上，又有多少事坏于拖拉迟疑。许多女人一开始行动，步子尚未迈出，就想到消极的一面，想到失败，这种恐惧心理削弱了她们的自信，限制了她们的潜能，束缚了她们的手脚，使她们遇事不敢轻举妄动，从而失去机会，流于平庸。

有这样一则寓言，老鹰苦口婆心地教小鹰飞行的技巧。可一遍又一遍的解说效果却不尽如人意，小鹰总有这样那样的问题："我是先扑左翅呢，还是右翅？平衡到底怎样做到？"老鹰顿了顿，说："先行动起来吧！"

　　刚踏入社会的女人一定经常会说"这样贸然行事，无法达到最好"。其实，人根本无法达到最好，但通过实际行动就可以做到更好。只有行动，才会发现自己的不足，积累弥补不足的经验，也只有行动才能使人进步。因此，最踏实的做法就是大胆向前，想做什么就去做，继而去实现自己所向往的目标，完善自我或完善生活的目标。只要向着你的目标大胆地行动起来，生活就会走上正轨并创造奇迹。

　　当然，在行动中去学习，付学费也就不可避免。就像走路，你总不能怕摔跤而不去学习走路。为此，每个成功人士都敢于尝试、敢于冒险、敢于做前人未做过的事。其实，尝试、错误，尝试、错误……再尝试直至成功，这正是学习和进步的唯一途径。

　　行动起来就有了希望，成功没有捷径。只有在行动中尝试，改变，再尝试……才会达到成功。有的女人成功了，只因为她比我们行动得更早、犯的错误更多、遭受的失败更多。"没有行动的地方，就绝对没有成功。"停止行动之日，便是完全失败之时。

　　无论爱情、事业、家庭，得不到的和失去的并不是最好的和最重要的，珍惜和把握眼前的才是最重要的。自信的女人，赶快行动起来吧！行动起来，把握每一个稍纵即逝的机会，人生的成功便由此筑就。

第 八 章

高贵，
是有底气拒绝你不喜欢的一切

莎士比亚曾经说过，一千个人心中会有一千个哈姆雷特，每个人对幸福也有着不同的理解。别人眼里好的，未必是适合你的，不要活在别人的意见里，勇敢拒绝你不喜欢的一切。

1. 用平静的心体会不平静的世界

每个人都有得到幸福、不遭受痛苦的愿望，但是很少有女人懂得幸福和痛苦的真正缘由。我们认为外界条件如食物、房子、汽车和金钱是幸福的真正原因，所以几乎把所有的时间和精力都用来得到这些。表面上，这些东西使你快乐了，但往深处去想一想，就会发现它们也给我们带来了许多痛苦和麻烦。

幸福和痛苦是相反的两个概念，但也可以相互转换，一个东西如果是幸福的原因，它往往也是痛苦的根源。比如，食物给我们营养，保持我们的健康，可是它又是造成疾病的主要原因之一。

在制造使人幸福的物质过程中，我们造成了对空气的污染，我们喝的水也对健康产生了威胁。

我们喜欢汽车带来的自由，但是事故和对环境的损害又太大了。

我们觉得金钱是享受生活的基础，但对金钱的追求也造成了很多问题和焦虑。

即使和我们共同享受很多美好时光的亲人、朋友，也会带来许多烦恼，甚至越爱的人给我们的痛苦越多、越大。

虽然人们对世界的理解和控制加强了很多，也体会到了社会的进步，然而，幸福并没有增加，世界上的痛苦并没有减少，甚至还更多了。这表明，解决问题的方法不在于我们对客观世界的认识和控制。为什么呢？

因为幸福和痛苦是一种心态，产生它们的原因不在外界。幸福的主要原因是内心的平静。如果心是平静的，我们就会永远快乐，而不管外界如何变化与纷扰。如果内心容易受到干扰，那么不管外界条件多么好，我们都不得安宁。外界条件只有在内心平静时才会使我们幸福。

女人可以通过自己的经验来证明。比如，即使我们处在最美丽的环境中，有我们所需要的一切，但只要一生气，幸福感就会立刻消失，愤怒和坏情绪毁掉了我们内心的平静。

当生活中出现问题、遇到艰难的处境时，女人常常倾向于把处境本身当作问题，而实际上问题是从我们的内心来的。如果你能用一种积极的心态对所遇到的问题进行反思，那些问题就不会是问题了，而是一种难得的发展机会。

如果你想转变自己的生活，摆脱麻烦，就必须学会转变内心状态。痛苦、麻烦、焦虑和不快乐都寄存在我们的心里，它们都是不好的感觉。通过控制和纯净心灵，我们可以尝试制止这些感觉。

一个名叫卡尼特的精神病博士曾经在纳粹集中营中被关押了很多日子，饱受纳粹分子的凌辱。卡尼特曾经绝望过，这里只有屠杀和血腥，没有人性，没有尊严，那些持枪的人都像野兽一样，可以不眨眼地屠杀一位母亲、儿童或者老人。

她时刻生活在恐惧中，死亡的恐惧让她感觉到一种巨大的精神压力，集中营里每天都有因此而发疯的人。卡尼特知道，如果不控制好自己的情绪，她也难以逃脱精神失常的厄运。

有一次，卡尼特随着长长的队伍到集中营的工地上劳动。一路上，她一直在想：晚上能不能活着回来？能否吃上晚餐？鞋带断了，能不能找一根新的？这些忧虑让她感到厌倦和不安。于是，她强迫自己不再想那些倒霉的事，而是刻意幻想自己正走在前去演讲的路上，来到一间宽敞明亮的教室，精神饱满地发表演讲。她脸上慢慢浮现出了笑容。

卡尼特发现，这是久违的笑容，许多年了，它一直没有出现过。当知道自己还会笑的时候，卡尼特预感到，她不会死在集中营里，她会活着走出这个地狱般的地方。

从此，卡尼特尽量保持平静心态，不让恐惧影响她。多年后从集中营释放出来时，卡尼特的精神依然很好。她的朋友见了她都很难相信，一个人在地狱里还能保持这样好的精神状态。

这就是平静心态的魔力。有时候，一个人的精神力量可以击败许多厄运。

女人要活得精彩，就要有平静的心态。从某种意义上说，人不是活在物质里，而是活在自己的精神世界里。如果精神垮掉了，没有人救得了你，上帝也不能。只要我们守住一颗平静的心，就会发现原来生活是如此美好。心烦意乱时，守住一颗平静的心，听听音乐，看看窗外那蓝蓝的天空，看看那一抹纯净，不正像我们的心吗？或者，躺在床上，什么也不想，只是放松自己，享受心里的那一份平静。

长久的幸福需要我们去体悟和保持一种内心平静的特殊体验，而唯一达到这种境界的办法是通过自我精神训练，发展化解外界痛苦的智慧，逐渐减少消极情绪的干扰，让心灵积极而平静。一旦拥有这种平静，我们的一生就会幸福，就能实现人生的真实意义，享受真正的自由。

在美国，有一些专门训练人们精神境界的学院、学习班以及讲座，这说明在物质极端发达的社会里，人们已经认识到物质不是能使人们快乐的最终因素，精神的发展才是最根本的。

人不是上帝，能让我们平静的只有自己。你必须好好修炼自己，看看书，时不时静下来思考一下，寻找内心的平静。生活总会慢慢地向前行进，不会因为我们的不平静而改变行程。面对痛苦和灾难，哪个女人不想幸运？不过，有时经历不幸会是一件值得庆幸的事情，因为只有经历过不幸的人才能真正明白什么是生活、什么是爱、什么是平静，以后再遇到风浪就能用平静的心去对待。

月有阴晴圆缺，人有悲欢离合。当你失意彷徨时，当无奈和惆怅涌来时，如果能守住一颗宁静的心，那么痛苦将减少很多，你的世界也就会平静很多。

每个女人面前的路都是崎岖但又充满希望的，主宰女人感受的并不是周围的世界，而是心情。如果你丢下负荷，仰头遥望明丽、湛蓝的天空，心就平静许多，一切令人烦恼的嘈杂就会渐渐隐去，只留下一颗宁静的心。

有一颗宁静的心，你就会由衷地感慨：即使我的世界不够美满，也不要眉头深锁，人生本来短暂，为什么还要栽培苦涩？守住这颗宁静的心，你就会明白博大可以稀释忧愁，宁静可以驱散困惑。只要你愿意打开心扉，让快乐的阳光和月光照射进来，心中便有一支永不停止的快乐之歌。有了一颗宁静的心，你可以不断超越，不断向自我挑战，你会发现自己的许多潜力，同时为这种潜力欣喜，享受这个发展潜力、克服困难的过程。当你带着平静的心战胜了外界的艰难，你会得到更大的平和、更多的快乐，而幸福也就悄悄地来到了你身旁。

女人要用平静的心去体会不平静的世界。只要我们守住一颗平静的心，就能找到无处不在的幸福。

2. 精彩一生，不做他的"附属品"

人生应该有许多支点，把生命的重量全部放在爱情、婚姻或家庭中，是十分危险的投资方式。因为一旦丈夫终止"合作"，你最多只能得到经济上的赔偿。但这并不是你的初衷，你所期望的荣誉、信念被毁掉了，青春岁月回不来了，还有什么比这更令女人痛苦的呢？事业、工作、爱好则不同，你付出了时间、精力，它们就会赋予你信心、能力、财富和乐趣。有了信心，未来才能被你掌握；有了能力，任何人也拿不走；有了财富，可以换取更多自由及社会的尊重。

田彤在大学很出风头，人长得标致，成绩出类拔萃，还担任过学生会主席，追求她的男生足够"一打"，最终，一个优秀的男孩掳获了她的芳心。毕业后，她和男友都想考研，但双方家庭均无法提供任何帮助。几番犹豫后，男友的一句话让她最终决定放弃深造："咱们结婚吧，我需要你，将来我的一切都是你的……"

田彤把自己的梦想寄托在丈夫身上，找了份工作赚钱养家。4年后，他们的孩子出生了，丈夫想趁年轻再进一步，于是她再一次做出牺牲，全心全意支持丈夫读到博士后。为了让丈夫免除后顾之忧，她抚养孩子，照顾老人，承担了所有家务。因为家庭牵扯精力太多，她的工作一直没有起色。

不幸的是，还没体会到"妻以夫荣"，田彤就先尝到了被背叛的滋味。原来，丈夫毕业后进入一家大型跨国公司，很快和一个年轻时尚的同事好上了。他对田彤的评价居然是："没有共同语言，整天就知道眼皮底下的一点小事，层次太低，像个家庭妇女……"

田彤欲哭无泪，她痛苦是因为丈夫每句话说的都是对的，但所有人都可以这样说，唯独他不能。正是为了他，本来前途光明的她才放弃理想和抱负，成了一个碌碌无为的家庭主妇。她的牺牲因为丈夫的负心已经毫无意义，惨痛的教训使田彤明白了一个道理：为别人而活，终究活不出自己想要的未来。

许多中国女人都把丈夫的人生当成了自己的，似乎结了婚之后，双脚就不再走自己的路，而是每一步都踩在丈夫的脚印里。丈夫说什么，自己就信什么，丈夫追求什么，自己就需要什么。失去了独立的精神、独立思考的能力，将自己人生方向的舵交到丈夫手里。如果碰上负责任、有担当的男人，那么倒也是一桩美事，成全了男人大丈夫的控制欲和虚荣心。但是有的女性却不那么幸运，不幸遇到了不可依靠的男人，命运就整个换了方向。因此，痴情女被冷落、被抛弃的悲剧才接连不断地上演。

聪明的女人首先懂得生命是自己的，要为自己而活，以自己的本色活着就是对生命的最大尊重。不要去为任何人而活，包括你爱的人。你可以为他献出生命、牺牲一切，但一定要坚持独立。

爱上一个人没有错，愿意为他做事情也没有错，爱本来就是要有所付出。可是，这世上任何事都是有底线的，爱情也不例外。无论何时，爱情当中的主人公都是两个独立的个体，即使情深意浓时也不应该迷失自我。

茑茑的家境不是很好，兄妹又多，大学毕业后回到家乡当了一名教师，可是后来因受人排挤离开了校园。不久茑茑就嫁给了一个大她三岁的男人。男人在外面做生意，一年也回不了几次家。后来，她有了一个女儿，这使她在那个重男轻女的家里彻底失去了地位，婆婆对她的态度越来越恶劣。她的丈夫回家的次数也更少了，后来在外面有了外遇，要和她离婚。

离婚后，苒苒带着孩子过得很困难。别人都劝她："再嫁个人吧，一个女人带个孩子不容易。"可是她不同意，她怕第二任丈夫对孩子不好。她凭着师范大学毕业的资格，在家办了个幼教班，收了几个学生，以维持生活。30岁的女人，看起来异常苍老，她常说："我这一辈子什么都没有，就指望我闺女了，要是没有她，我早就不活了。"

我们不得不说苒苒是个实实在在的好女人，她以前为了丈夫，现在为了孩子，给自己留下的生活空间变得愈来愈小，以至于最后连自我都失去，更没有了幸福可言。好女人不一定是幸福的。当然，不是说奉献精神不好，而是说女人在关爱孩子和丈夫的时候也不要遗忘了自己。

我们常听一些人无奈地感慨：好累呀！好烦呀！问题是你要如何生活，懂得为自己而活。没有什么比这来得更实在、更重要了。为自己而活，为自己认真过好每一天，为自己全力以赴地去做好每一件事。

每个人都是独立的，聪明女人懂得为自己而活，自尊自强自爱，生活才会更有价值，这样的女人才能赢得男人深厚的爱，也才会最终拥有幸福的人生。

3. 你最大的错误就是忘记了你是女人

铁娘子撒切尔夫人说过这样一句话："女人一生所犯的最大错误，就是忘记了自己是女人。"

大多数妻子之所以出来打拼，多是因为想改变家庭的现状，或是为了圆自己的梦想，不甘心落于他人之后。但为什么很多男人"谈女强人而色变"？为什么有事业心的女性被赋予了"女强人"的称号后反而令人"望而生畏"呢？

其实，如果仅仅因为女性在事业上获得成功，领导着一群男人，男人心中产生一种不平衡，倒还罢了，要命的是，有不少妻子在结婚后，甚至放弃了大部分女性的特质。她们从发式到服饰，从谈话的风格到做事的决断，处处显示出一种"强势"的姿态。事实上，由于她们忽视了保持女人天性中柔美温和的一面，当她们以男性化的模式去处世待人时，男人就会明显地感到一种威胁和挑战。长此以往，反而会陷入危机之中。

有一对工人夫妇，收入不高，但很恩爱，生活过得有滋有味。改革开放后，妻子停薪留职，开起了饭馆。后来生意渐渐做大，妻子也越来越忙，她从早到晚一心只扑在饭馆里，对家庭、丈夫、孩子不闻也不问，似乎早已淡忘了婚姻的概念。偶尔回到家里，她不是跟丈夫抱怨，就是跟孩子发火，弄得家人不再像家人，夫妻间以前的恩爱也没有了。

当他人问及她的孩子时，她的回答是："别提了，我也不清楚，我给他（孩子）请了家庭教师，又雇了保姆照料他的生活，我太忙，顾不上。谁知这孩子不争气，不是逃课就是不安心，反正不学好。我又给他换了学校，每年几千块钱学费，可他还是不学好。他爸爸也不知能干什么，我不让他干那个破工作了，可他就是不听我的，他挣那点儿钱连买酱油都不够！我都不指望他了。"

这样长期不与丈夫沟通，使她不了解丈夫的思想。终于，丈夫有了新的女人，提出与她离婚，结果财产一分为二，她的饭馆也开不下去了，最后落得个家庭、婚姻、事业皆无成的下场。

这样的妻子，丈夫对她已经产生了一种畏惧感与厌烦，又有谁会忍受这样的妻子呢？她已没有了昔日的温柔与顺服，取而代之的是，她认为丈夫不如她，她认为自己才是这个家庭的主宰，而丈夫只是她的一个附庸。这样的婚姻里也不再有爱，自然不会有好的结果，最后只能葬送了婚姻。

女性应该保持特有的天性，在丈夫面前做个"弱者"，让他保护你，而不是用你的士气压倒他，那样你拥有的将比女强人更多。因为，从形象而言，柔美的女性非常容易被大众接受和喜爱。就性格特征而言，虽然人各不同，但是温和、体贴、善解人意恐怕是最能赢得他人尊敬与喜爱的品质。

当然，妻子要做丈夫面前的"弱者"，不是要妻子卑躬屈膝，在丈夫面前唯唯诺诺，像个奴隶一样言听计从。而是指妻子应具有较为细腻的感情，体贴细心、文静妩媚，而不是柔弱，不是依附于人。

聪明的女人懂得如何在他人面前做强人，在丈夫面前做弱者。她们时刻不忘自己的身份：女人+妻子！这样她不仅是事业上的佼佼者、女强人，而且也是丈夫的好妻子。

有一对夫妇，妻子是公司的董事长，丈夫只是公司的普通员工。但这个妻子，每每遇到问题时，总是找她的"老头子"。

"老头子，你看看机器为什么这样了？"

"老头子，你看是哪儿出毛病了？"

"老头子，你说这样做决定行吗？"

……

就连秘书给她写好的演讲稿，她都要给她的"老头子"看看行不行。

每每在丈夫解决完问题时她都要赞扬丈夫一番。有时遇到丈夫解决不了的问题，他们就会一起研究，然后再找别人帮忙。

不了解真相的人会在背后怀疑她的能力，怀疑她是怎么当上董事长的。大多数人都会认为她什么都不懂。

可有一天，当她的丈夫外出时，她就开始崭露头角了。似乎没有什么是她不会的，她指挥几千名员工轻松自如，是那样的干练、果断，与以前的她判若两人。

这时人们才明白，其实她什么都懂、都会，只是她在丈夫面前显得柔弱，而不是真正的柔弱。

这个妻子的弱，是展现在丈夫面前的。她是成功的，她在丈夫面前是"弱者"，这不仅满足了丈夫的保护欲，使丈夫更加怜惜她，而且自己也出尽风头。这样婚姻中两个人的地位也会和谐、平稳。

作为想有所建树的职业女性，要做到在职场上叱咤风云，做个女强者，又要在丈夫面前做个"弱者"，怎么才能做到两者之间完美转换呢？以下几方面需要注意：

（1）从外表形象的设计方面，柔中透着不卑不亢才是上策。既要在外显示出自己精明干练的素质和能力，又要在丈夫面前表现得非常通情达理、庄重淑婉。所以衣着不要模仿男性的粗犷和豪爽，有一点儿潇洒足矣，但不要太过。

（2）在待人处世方面，切不可以男性过分的脱俗和果断为榜样，做事不计后果。尤其是在丈夫面前，以及处理家庭中的事情时，要给丈夫一些机会，不要失去妻子的本色。如果失去了作为女人的天性，也就失去了大部分的你，那样你将很难得到他人的认同。

（3）懂得及时转变自己的身份。上班的时候当个"女强人"，和男人一样雷厉风行地工作，下班后则变得小鸟依人，在家里甘居下风。

（4）适时表现出自己的软弱。如果你表里一致的强，像只母老虎一样的强，丈夫绝对怕死了你，谁愿意与一只母老虎相处，一有机会，他就会溜走。

（5）不要总是以自己为中心。一个家庭中，两个成员都不可或缺。既然婚姻是两个人的舞蹈，那么再忙也要每天坚持跳上一段。

在丈夫面前做个"弱者"，是让丈夫疼你的潜在语言，如果你强得谁都不需要了，那只能是自找苦吃。丈夫都喜欢妻子那种弱，因为他知道，只有妻子的弱，才会衬托出他的伟岸、强大。许多时候，丈夫会因为帮助了妻子，而使他更清楚地认识到自己的价值。另外，妻子在丈夫面前做个弱者，也给丈夫提升自信提供了一个平台。丈夫在认识到自己的价值之后，就会更加激起他潜在的热情。反之，若做妻子的强得超过了丈夫，丈夫被损得一文不值，那丈夫还有什么颜面可谈？丈夫没了颜面，作为妻子又何来"里子"？

4. 走自己的路，看自己的风景

世间的女人风情万种，或娇柔妩媚，或温柔文静，或大气端庄，如繁花般装点着这个世界。女人内心柔软而细腻，感性而又多情，即便是包着女强人外衣的职场"白骨精"，在夜深人静的夜晚，在外衣之下，也会是个感性娇柔的小女人，憧憬着自己的幸福。女人对幸福的渴望就如同虔诚的朝圣者，拥有着孜孜不倦的追求与热情。然而，究竟怎样才算得上幸福？

莎士比亚曾经说过，一千个人心中会有一千个哈姆雷特，对幸福每个人会有着不同的理解。感性如女人，对幸福又自会有着自己的见解。

有人说幸福是早上玫瑰花瓣上的露珠，伴随着芬芳浓郁的气息，伴随着朝阳微风，晶莹剔透却短暂；有人说幸福是亲人朋友脸上的笑意，是人生价值的体现，是幸福的源泉；有人说幸福是冬天里的一块烤红薯，简单却能给人恰到好处的温暖；有人说幸福意味着豪宅名车以及华丽的珠宝，是精致的生活以及高贵的姿态……

其实，这不过都是幸福的外相。真正的幸福，是某个时刻你内心的那种或甜如蜜或淡如水的感受，是脸上那止不住的笑意，是用心去感受的点点滴滴。

杨薇是个漂亮高挑的女孩子，有一份体面的工作，有个收入不多却对她宽容宠爱的老公。在很多人眼里，她无疑是个幸运的姑娘。

作为普通家庭出身的姑娘，杨薇所拥有的这些是令人羡慕的。只是很少有人知道，杨薇有着并不愉快的童年。童年的记忆中，母亲总是面色凝重，语气严厉，责怪杨薇这次的成绩不佳，抱怨杨薇不如院子里的另一个小姑娘聪明伶俐。

　　大多数时间的杨薇，总是畏缩在墙角，不解地看着母亲，内心也抱怨着那个母亲口中的小姑娘。在很长一段时间内，杨薇的内心是自卑而胆怯的，不敢在众人面前大声说话。

　　这样的心理伴随了杨薇很多年，直到离开母亲，独自在异地求学，她才渐渐地找到了自信，后来老公的爱和宽容给了她更多的自信和勇气，慢慢蜕变成了今天这个面若桃花、坚强独立的现代女性。

　　白莹是杨薇的大学好友。毕业后直接嫁了个富二代，过着少奶奶的日子。有空的时候，她总会约杨薇一起吃饭、逛街、做美容，在豪华的商场里挥金如土。最初的杨薇面对着白莹的阔绰，只是淡淡一笑。时间久了，杨薇的内心发生了变化，她开始羡慕白莹的少奶奶生活，抱怨老公的收入普通。

　　和白莹欢聚过后回到家的杨薇，就开始对老公有了诸多不满，抱怨老公在事业上的不思进取，抱怨他的不懂浪漫，平静的日子里多了些许的矛盾和摩擦。也不知道从何时起，相爱的两个人回家以后开始以沉默面对着彼此，仿佛是一栋房子里的陌生人。

　　直到有一天，满身伤痕的白莹哭着跑去杨薇家。杨薇才知道，原来白莹的婚姻生活中有如此多的不和谐。老公虽有钱，却很花心，甚至有家庭暴力，白莹在大部分的婚姻生活中总是忍受着独守空房的孤独和寂寞。而听着白莹哭诉的杨薇，坐在自己和老公一起去宜家买回的大沙发上，看着在厨房里为她俩忙碌准备晚餐的老公，想着这段时间，老公对自己依旧不变的照顾和宽容，想着童年那个在墙角畏缩着的自己，杨薇释然了，原来现在的自己一直是如此的幸福，拥有着虽平淡却踏实且独一无二的幸福。

人们总喜欢羡慕别人，却忽略了自己所拥有的。很多人总是渴望获得那些本不属于自己的东西，而对自己拥有的却不加以珍惜。

人生无常，能来到这个世界，感受着这个世界上所发生的一切，诸如花的盛开、草的萌生、天的晴朗、月的明媚，已是人生的一种幸福。每个人所感受到的都是自己独一无二的幸福。幸福无法攀比，无法复制，幸福只是那样或深或浅地存在于你的心里，在某一刻荡漾在你的胸怀，然后化作你脸上那弯弯的嘴角。

一个幸福的女人总是面色红润，眉眼明亮，洋溢着温暖和热情。而通常这样的女人总是宽容的，满足于生活中每一点微小的幸福。不攀比，不抱怨，淡定，从容，在这个也许嘈杂的世界里，宛如内心生着一朵洁白的雪莲花，感受着属于自己的小幸福。愿这朵雪莲花也同样生长于每个女人心间，让芸芸众生中的每个女子都可以拥有自己独一无二的幸福。

5. 左手是寂寞，右手是幸福

幸福的女人往往都是耐得住寂寞的，因为寂寞与幸福并存。人们羡慕寂寞时的自由，却往往拒绝寂寞的缠绕。实际上，左手是寂寞，右手是幸福，一直都是这样。

寂寞就是一种心情，是幸福过后的沉寂。在曲终人散之时，人们的内心归于平静，以寂寞为伴，痛并快乐着，寂寞并幸福着。

女友说婚后的生活一直很平静，平静得让人可怕。丈夫的应酬很多，大多时候她都是一个人在家陪着儿子。渐渐地，她与丈夫的沟通越来越少，甚至与丈夫行同陌路。那种日子让她快要窒息。于是，她走了出去，只为到外面透透气，只为释放一下心里的郁闷，只为缓解一下心里的压力。

可没料到的是，她开始了一段错误的感情游戏。在丈夫与情人之间苦苦挣扎，道德与良心时时撕扯着她的心，她丢不下丈夫也舍不下情人，日日被痛苦折磨。最后她让丈夫来做抉择，毕竟丈夫是她最爱的男人。结果可想而知，丈夫无法原谅她的过错，家庭平静地解体。丈夫临走时留下一句话："女人，你应该守住寂寞。"

女友之后也与情人断了关系。那只是一个错误，一个寂寞的故事。只是这个错误的代价太大了，要她用一生来追悔，要她用余生的寂寞来惩罚自己。

著名作家梁实秋先生曾说："寂寞是一种清福。"能把寂寞当作幸福来享受的必定是大胸怀大智慧之人，常人不会把寂寞当作一种享受。

那么寂寞怎样成为一种清福？梁实秋在书中写道：

我在小小的书斋里，焚起一炉香，袅袅的一缕烟线笔直地上升，一直戳到顶棚，好像屋里的空气是绝对的静止，我的呼吸都没有搅动出一点波澜似的。我独自暗暗地望着那条烟线发怔。屋外庭院中的紫丁香还带着不少嫣红焦黄的叶子，枯叶乱枝的声响可以很清晰地听到，先是一小声清脆的折断声，然后是撞击着枝干的磕碰声，最后是落到空阶上的拍打声。这时节，我感到了寂寞。在这寂寞中，我意识到了我自己的存在——片刻的孤立的存在。这种境界不易得，与环境有关，更与心境有关。寂寞不一定要到深山大泽里去寻求，只要内心清净，随便在市廛里，陋巷里，人们都可以感觉到一种空灵悠逸的境界，所谓"心远地自偏"是也。在这种境界中，人们可以在想象中翱翔，跳出尘世的渣滓，与古人同游。所以我说，寂寞是一种清福。

这种静寂状态下的寂寞并不是孤独，而是幸福。"在这种境界中，我们可以在想象中翱翔，跳出尘世的渣滓，与古人同游。"梁实秋真正写出了自己的体会。

有一对年轻的夫妻不安于贫困，结婚不久便外出闯荡。初到离家千里之外的地方，一切都是陌生的。没有住处，他们就住铁皮屋。在寒冷的冬天，屋子就成了冰窖。炎热的夏天，屋子便成了火炉。

但是，他们感情非常好。冬天，男人知道女人怕冷，在晚上睡觉时，他先上床暖好被窝，等她睡觉时再把她搂得紧紧的，生怕冻着她；夏天，男人怕女人热，在每次临睡觉之前都会给她准备好洗澡水，然后他不停地往地上洒水，用来降温。没有钱买好吃的，他们一日三餐啃从家里带来的干粮，就着咸菜，喝着白开水。

女人怕男人身体受不了，于是拼命打工赚钱并买了个电饭煲，天天煲他喜欢喝的汤。她看着他大口大口喝她煲的汤，感到幸福至极。她时常感叹，再也没有比那时更幸福的日子了。

男人和女人吃了很多苦，终于赚了很多的钱。然后，他们拥有了自己的房子、汽车和公司，拥有了有钱人拥有的一切。冬天有暖气，夏天有空调，男人再也不用担心女人怕冷、怕热了；家里也请了保姆，一日三餐按时做，女人再也不用担心男人吃不好，也不再亲自给男人做饭煲汤了。

都说患难夫妻同甘共苦，可共苦之后的同甘却往往不尽如人意。尽管女人住着男人买的大房子，用男人的钱买名牌化妆品、做美容……可女人心里真正想要的不是这些。她希望还能像当初一样，男人对她嘘寒问暖，关心备至；希望男人晚上陪她一起看电视，或者一起散散步；陪她一起睡觉，或者聊聊心事，不要每晚都应酬到深夜；希望男人能在休息日陪她一起去海边漫步或者放风筝，不要总是加班；希望男人……这些别人看来很简单的事情为什么在他身上却难以实现？为什么十几年前都能做到的事情现在却很难做到？

女人做梦都希望回到从前，虽然那时的生活贫穷，但他们都把彼此时时记在心里，尽管没有钱，但很快乐。现在有钱了，快乐却消失了。

男人说，不是他做不到，而是实在没有时间去做，甚至一点时间也要用来处理公司里大大小小的事情，因为竞争太激烈，稍不留神便会前功尽弃。现在，他一天到晚忙个不停，连休息的时间都没有，哪里有闲情雅致陪她放风筝，去海边漫步。以前没有人际关系，没有应酬，当然能早早地回家陪她。

女人一遍遍地提起，男人一次次地拒绝。时间长了，男人便觉得女人很无聊，而女人却认为连这么简单的事情都不能满足她，男人一定变心了。

女人忘记了，男人虽然不能实现多陪她的愿望，但帮她实现了当初在铁皮屋时的愿望：这一辈子让她吃好，住好，穿好，过上好日子。

于是，男人和女人有了结婚后第一次激烈的争吵，吵来吵去，男人便不想回家了。男人说他太累了，忙于事业、忙着挣钱，没有精力再和她吵。慢慢的男人就成了负心汉。由于女人不停地吵，最后把他们的婚姻吵散了。

其实，女人不明白，幸福有时候需要寂寞，寂寞与幸福成正比。请男人和女人记住，有一种寂寞叫做幸福，也有一种幸福需要付出寂寞为代价。

寂寞的确难耐，但它的难耐正显现出它的美好。寂寞既是对人的一种考验，也是人们在身处困境时的体验。只有身处寂寞，人们才能自我反省，感悟人生，思索生命。

因此，寂寞是人生旅程中必不可少的驿站，人们可以在这里将自己和生活进行调整，迎接更好的明天。从这个角度看，你必须感谢寂寞，是它让你更专注地投入生活，更清醒地认识自己，更珍惜宝贵的生命，让人们拥有幸福。所以，寂寞也是一种幸福。

6. 取得小小的成功时，送件礼物犒劳自己

生活中，女人们都习惯把奖励给别人，子女考了好成绩奖励一件礼物；朋友取得了成功，带着贺礼去恭喜；父母身体检查结果良好，去饭店吃一顿庆祝一番……却唯独没想到自己取得了小成就时，送一份礼物犒劳自己。礼物不需要多么值钱，有时只是一本好书、一部精彩的电影、一个闲暇放松的下午茶时间，甚至只是睡上一个懒觉那样简单。

苏珊是一个阳光的女人，身上具有水乡女子的温柔，是个温暖而淡然的人。她在北京，住在租来的一室一厅内。她朋友不多，也不经常到她家来。她因为来北京闯荡，和大学时的男友分手了，目前单身，在广告公司工作，清闲的时候整日无聊，忙碌的时候整日东奔西跑。这样的生活让别人看起来似乎少了一些快乐、多了一份孤单，甚至母亲经常催她回家发展。而她却认为自己的生活是非常有滋有味的！

周末的时候，苏珊有时间就会去做义工，给民工小学的孩子上课或者去敬老院看望老人。工作累了的苏珊，经常会学习一些美食的做法，好好地犒劳自己一顿。苏珊同样喜欢养花，在阳台上摆满了各种盛开的花，看着这些美丽的花，苏珊总会开心地笑。到了各种节日，如果没有和朋友相约出游，苏珊就会去逛各种饰品店或商场，给自己买一份可爱的礼物，让一个人的节日也变得丰富多彩。工作中，苏珊同样保持着一份热情和乐观。得到领导夸奖时，会喜不自禁；取得一点小小的成功时，就给自己买份礼物。

因为这份对生活的热情和乐观，苏珊吸引了公司无数男孩子的目光。后来，她与一个喜欢的男孩相恋结婚，苏珊也不再是北漂族了。

苏珊是一个很注重生活情趣的人，她懂得调适自己的生活，懂得享受生活。是啊，即使没有人在节日里给你送上真诚的祝福，没有人在你取得成功时送份礼物，也不要抱怨。如果没有人给你买礼物，就自己给自己送上一份礼物，一份温馨的祝福，一份暖暖的情愫，这些足以让自己幸福。

取得小小的成功时，给自己颁发一个"奖"，是一种有效的自我激励。奖赏别人，有助于激发别人的情智，使事物朝好的方向发展。奖赏自己又何尝不是这样呢？不断进行自我奖励，会使你的成就和你的行动连成一体，为你提供持久不衰的动力。

一个懂得"奖赏自我"的女孩这样叙述自己的经历：

小时候，帮母亲做了一点家务，她就会笑着奖给我一颗糖。读书时，每次考了高分，父亲也会不时拿出点奖品作为奖赏。那时候，经常会为了得到糖果、玩具等而主动地做家务、努力学习。现在，我不再依赖父母的奖励，而是不断地奖励自己。大学毕业后，我所在的单位资不抵债，宣布破产了。有很长的一段时间，因为胆小，怕面试时用人单位对自己说"No"而待在家里。几个月过去了，我无所事事，父母用微薄的工资来养活我这个已成人的"小孩"。有一天，我对自己说，如果今天我去两家公司应聘，回家时就给自己买下那条心仪已久的长裙。我做到了，记得当时我是用向母亲借的钱来完成对自己的承诺的。一星期后，我居然同时收到两家单位的用人通知。

生活中有许多东西都可以作为奖品：心仪的衣物、可口的美食、好听的CD，或是美美的一觉。生活的美好与否都是由自己创造的。故事中女孩的自我奖励，无疑给了自己一个肯定的信号，一份信心，一个继续努力的支点。成功实属不易，多一点自我奖励，会激发自己轻装前进。

有人一生忙忙碌碌，却不快乐，也许拥有整个世界，也不会感到快乐。其实，快乐很简单，取得小小的成功时，送件礼物犒劳自己，在激励自己的同时，也给自己带来了一份快乐的心情。

每个人都是一道风景，或许平凡或许美丽。每个人都喜欢得到奖赏，因为那是一种发自内心真诚的赞美，更是一种由衷的祝福。懂得了奖赏自己，也就学会了宽容别人。在奖赏自己的同时，也会为别人送去一份至诚的奖励，让他知道，他在你心目中的位置。

请不要吝啬，尤其对自己，请随时奖赏一下，不要忘了你自己才是你最忠实的观众。

善待自己，关怀自己，就是对生命的奖赏！

7. 每天为自己留一点闲暇时间

　　仔细想来，人生苦短，岁月无情。人生前十年幼小，后十年衰老，中间几十年忙于学习、奔波工作。而无论是上学还是工作，更多的是一种身不由己的选择，因为上学是成长的需要，工作是生计的需要。真正算来，属于每个人自由支配的时间又有多少呢？

　　上帝给了一个工作特别繁忙的人一个任务，让他牵着一只蜗牛散步。

　　于是这个人带着上帝给他的任务出门了。他不能走得太快，虽然蜗牛已经尽力往前爬，但是每次它只能挪那么一点点。他不停地催促它，大声地呵斥它、责备它。

　　蜗牛用抱歉的眼光看着他，仿佛在说："人家已经尽了全力！"他使劲拉它，甚至想踢它。蜗牛受了伤，流着汗、喘着气往前爬，但还是那么慢吞吞地。这个人就想：真奇怪，为什么上帝叫我牵一只蜗牛去散步？这对于我来说简直就是折磨，对于蜗牛来说也是煎熬！他不禁昂头向天质问："上帝啊！为什么？"

　　天上一片安静，上帝没有回答。"唉！也许上帝又去抓蜗牛了！"这个人想："好吧！松手吧！反正上帝已经不管了，我还管什么？"任蜗牛往前爬，这个人就跟在后面生闷气。突然间，他闻到了花香，才知道：哦，原来这边有个花园。他又感到微风吹来，才知道：哦，原来夜里的风这么温柔。他又听到鸟叫，听到虫鸣，看到满天的星斗亮丽多姿。咦？以前怎么没有这些体会？他忽然明白了，原来他弄错了！上帝是让蜗牛牵着他去散步啊！

记得有一位法国作家说过这样的一句话："上帝把幼小的我们送给了父母，把青年时的我们送给了社会，把中年时的我们送给了家庭，到了老年，他终于慈悲地把我们还给了自己。"如果我们听从上帝的安排，在年老时才能够拥有自己的时间，那么人生是不是太悲哀了呢？所以，为自己留一点闲暇时间，无疑是一种明智之举。

假日，李雪独自回乡小住，两周的日子不长也不短，充满了情趣。

早晨，李雪拎着一篮子衣服，在阳光下，伴随着鸟儿的叫声，慢慢地走到对面不远山下的河边去洗。因为李雪喜欢河边的几块青石板，在上面搓衣服感觉很惬意，所以，她心情无比轻快地慢慢搓洗着。

夏季是各类瓜果肆意成熟的季节。上午，李雪走到西红柿秧苗边，蹲在那里，仔细观察，发现有熟的，就毫不客气地摘下来，在手心里摩挲几下，送到口中，去品尝那份独有的新鲜美味；来到葫芦架下，看那大大小小的葫芦悬挂着，她忍不住用手抚摸，葫芦悠来荡去；看着那金黄色的南瓜花上蜂飞蝶舞，她忍不住去捕捉这些生灵；看着喜鹊飞来飞去，听着不知名的鸟叫，她将视线投向门口的大树，在一棵棵树上搜寻它们的窝。

傍晚，玩累了的李雪，蹲在菜地边捉虫子，唤来母鸡，她用手抚摸着母鸡的背，母鸡也很顺从地任凭她这样；看着在一起嬉戏的小猫小狗，咬着尾巴，蹭着脖子，高兴时一起撒欢，生气时怒目对视，而她只在一旁分享它们的快乐。

每天在恬静和意趣中度过，李雪的心很平静，没有任何杂念和烦恼。乡村生活的宁静是任何一座物欲喧哗的城市所不能营造的。那些普通的生活中，总有一种朴素的感动，暖暖地盈满李雪的心头。

　　给自己腾出一点时间来，这点时间不是用来躺在浴缸里或者浇花剪草的，也不是用来冥思苦想或者读书看报的。在这点时间里，除了呼吸什么也不要做，不要思考，更不要忧愁，尽情地享受生活的愉悦。

第九章

理财就像基础保养，
越早开始越好

你是一个美女、才女还不够，想做一个高贵的现代女性，你还得是一个"财女"——高财商的女性。你不仅要懂得赚钱，还要懂得理财，学会投资，才能为自己创造一个安全美好的未来。

1. 要当女王，就非得有钱不可

钱非万能，但没有钱可是万万不能啊，更何况要当女王，就非得有钱不可。

有些女性认为理财是男人的事，害怕自己太过精明，得不到男人的爱。也有些女性看到数字就伤脑筋，从来不会替未来生活做打算。其实，不懂得理财是一件很危险的事情。

美国瑞斯尼克投资顾问集团的总裁茉蒂·瑞斯尼克，在她所著的《女人要有钱》这本书里强调，"女人要青春，要美丽，要遇见好男人，更要有钱才会幸福。"

离婚，又有嗷嗷待哺的小孩等着她抚养的茉蒂，在身无分文的情况下，从一位证券业务员做起，学着如何投资，让钱活起来。她的书中提到，女人应该尽早开始投资和储蓄，起步得越早，成功的几率就越大。越年轻开始充实这方面的常识，对自己越有利。要在能力范围内享受物质，并且懂得精打细算，为未来做准备。不甘于贫穷，才能拥有真正的自由。当然，也绝对不可以为了金钱而不择手段。

这快速发展的社会中，计划永远赶不上变化，面临失败的姐妹们更应该思考，如果有一天发生意外状况，忽然没了工作，或是面临突如其来的恶疾，自己将靠什么过日子？只有自己才能保障自己的未来。因此，女人要有钱，并不是要追求享乐，而是为了生命的保障，以及个人的尊严。

美国一位六十岁的独居女性，退休后竟拥有上亿美元身价。她不是来自华尔街的金童，也不是上市公司的大老板，更没有显赫的背景，她只不过是做了一件事：每个月领的薪水中拿一部分做储蓄，等累积到一定金额时，就去买可口可乐的股票，没想到这个简单又良好的储蓄习惯，到最后竟然让她变成亿万富婆。

理财的概念很简单，看你是否意识到它存在的重要性，以及是否身体力行而已。有钱最快的方法莫过于能开源，但如果现阶段你的能力还不足够开到大源的话，还是要懂得节流，毕竟勤俭是一种美德。当然如果你有独到的眼光和投资实力的话，我倒是很乐见姐妹们从事投资活动。而投资并非只限定在金融产品的投资，或许也可以选择投资艺术品。当然这需要学习，也需要一点本钱。

或者你可以选择一般人喜欢操作的股票、期货或债券，当然也可以选择自己有兴趣的古董或艺术品，房地产也是一个很好的选择，全依你自己的兴趣和资金多少。除了上述这几个标的物，当然还有入门较为困难的贵妇投资客户所热爱的珠宝、手表或名牌包，一旦买对了投资标的物，短期致富不无可能。当然这还得靠后天学习和培养才办得到。总之，你可以选择一个自己有兴趣又有能力的投资方式，来累积个人的财富。

如果你觉得自己对投资完全没概念，对理财一窍不通，那么或许可以转投储蓄型的保险。我身边有很多姐妹们，都在踏入社会后的一年内，陆续买了个人第一张退休基金的保单，当然也有一些时程比较短的储蓄保险任君选择。现在银行利率那么低，不如换个投资标的反而更能创造复利与价值。

这里要稍微提醒一下姐妹们，女人的耳根子都很软，如果有朋友是保险经纪人，也不代表一定要买，找一位真正懂得灵活运用资金或投资的理财经理人比较实在。千万不要花钱买一些要往生或重病时才领得到的苦命保险，保到最后会变成一场空。

你是否已经赚进了人生的第一桶金呢？如果想要累积更多的财富，就不要忘记及早做好个人理财规划，同时趁着年轻时，多接触一些不同的领域，培养个人对于市场的敏锐度。单靠上班族的死薪水是很难致富的，你必须要有一颗灵活的脑袋，才能致富。不管你现在几岁，马上开始规划你的人生财务还来得及，只是愈晚会愈辛苦！

2. 识别和绕开商家设下的"陷阱"

俗话说，"买的不如卖的精"，皆因卖的有"底"，买的无"数"。众所周知，如今在利益的驱使下，商家"把戏"层出不穷，消费者一不小心就会陷入商家精心设计好的陷阱。

"打五折呀！不买太亏了，以后可能没有这样的机会了！把我钱包拿来，多买几件回去，可以节省好几十块钱呢！"

在某内衣专卖店打折区，苏婉琳艰难地拨开人群，挤了进去，生怕自己抢不到，一边挑还一边向男友喊道。

这样的场景在生活中经常可以看得到。这也说明女性在消费的时候是不讲求理性的，一看到打折商品，都会争先恐后地去购买，自认为便宜的东西如果不买，就吃亏了。于是乎，她们就打着"省钱"的口号心安理得地花钱。

在购物时，张静总是喜欢逛打折专柜区。在各种各样优惠商品的诱惑下，她总是选购一堆并不需要或者根本用不着的商品。她总觉得这东西太便宜了，不买的话就错过机会了，等到以后用的时候再去买就吃亏了。但是，她有时候买回去的东西确实不实用：衣服的款式或者花色她根本就不喜欢，鞋子有点小或是穿上去不合脚……老公总是会说她在花冤枉钱。

元旦那天，她与老公一起去逛商场，张静买下了一件800元的名牌外套，而放弃了另外一件款式、质地类似的600元的外衣，原因仅仅是前者打的是对折，后者打的是8折。但是，在老公看来，两者并无质量上的差别，不管打几折，800元就是比600元多出200元来。而在张静的眼中，买下那件打对折的衣服也就等于节省了100元钱。

在现实生活中，有张静这种消费习惯的女人很多，她们总是为了所谓的省钱而多花了不少冤枉钱。到许多商场总能看到一大群不同年龄段的女性推着满满的一车商品等着付款，其中大多数都是打折商品。她们大多数都是抱着"这商品比原价便宜多了，多买些就是为了省钱嘛，不买就是浪费了"的想法，而这种心理恰恰印证了心理学家们的结论：女人们在做决策时，并不是去计算一件商品的真正价值，而是根据它能比原来省多少钱来判断。

面对打折、特价的诱惑，许多女人都认为只有将这些特价商品买回去才算占到便宜了，而买回去的东西不是很久才用上就是根本用不着。她们纯粹是为了省钱而消费，而不是为了现实需要而消费，这与女性爱贪占便宜的心理有关，她们认为只要能占到便宜就要义无反顾。于是，商场或者小商贩们就纷纷使出了"挥泪大甩卖""免费赠送"

"巨奖销售"等各种各样的招数，遍街林立的"特价商品""品牌折扣"的商店也应运而生。在女人看来，不管是一只发卡还是一件内衣，只要能省钱，有甜头可吃，她们就会毫不犹豫地打开钱包。

因此，识别和绕开商家设下的"陷阱"，对于女性朋友来说尤为必要。

（1）上街购物选对时间

休闲时间尽量少逛街，多读书、看报、学习技能，这样既节流还为开源做储备。如果的确需要上街，在逛街之前，先在脑子盘算一下急需购买的东西，记下来，然后只买计划好的东西。同时，尽量缩短逛街时间，买到急需的物品后，立即打道回府。

（2）拒绝免费的午餐

尽管人人都知道"天下没有免费的午餐"，但由于"馅饼心理"作祟，面对诱惑总是难以抵挡。一些厂商正是利用了人们的这一心理，不断推出免费品尝、咨询、试用等形形色色的促销活动，待消费者免费消费过后，才知道所谓的"免费"其实是"宰你没商量"。很多女性的消费具有很大的随机性，因此常常上"免费"的当。免费的午餐，不管你信不信，都不要去试，否则，最终等待你的一定是一个陷阱。

（3）洞悉"打折"真相

爱美、爱逛街的女性都知道，现在商家打折的花样可谓五花八门，层出不穷，没有细心研究过、不明真相的人，还真能被迷惑，要么掏了冤枉钱，要么和商家展开一场不必要的纷争，结果往往是劳神伤财。因此，建议年轻的女性朋友们在打折面前，最好不要冲动，冷静一下，看看这个东西你是否真的需要，如果不需要，即使打再低的折也不应为其所动。

（4）避开返券的圈套

返券一般有以下几种：其一，礼券的购买受到严格控制。也就是说，没有几个柜台参加这个活动，只要稍加留意就会看到"本柜台不参加买送的活动"的不在少数。其二，到了秋装上市的季节，那些夏天的货品，赶紧处理。这就意味着你在今年也没多少时日穿它了。其三，连环送的形式送得"有理"，由于实际消费过程中一般不可能没有零头，这就无形中使得折扣空间缩小，商家最终受益。其四，要弄清楚送的到底是A券还是B券，A券可当现金使用，而B券则要和同等的现金一起使用。

（5）不在心情不好的时候上街购物

用花钱来发泄坏情绪的女人，在生活中有很多。或者，在刷卡的时候，她们的情感已经战胜理智，所以忘了平时总是在抱怨朝九晚五的工作劳累，也忘了一到月底钱包就空空如也时的懊恼和沮丧。其实，抱着大包小包的"战利品"回家后，就会发现那些导致心情低落的原因和问题并没有解决，却又因经济出现不良状况而增添新痛。所以，心情不好的时候，千万不要上街购物。因为，以发泄的心态购物，待情绪稳定后，就会追悔莫及。

（6）逛超市要保持头脑清醒

现代人工作日益繁忙，超市便成为人众购物极为方便的消费场所，那里商品应有尽有，也能照顾到家人的日常生活所需。不过，如何在琳琅满目的商品中选择物美价廉的必需品，可就要精打细算一番了！

在逛超市的时候，货架一般都是三层的，你有多少注意力会放在货架的底层呢？经过研究，只有不足10%的人把注意力放在货架底层，60%的人注意中层，30%的人注意上层。对整个零售业来说这可是个绝对重要的信息，全球的超市都在据此而调整货架摆放体系。当商家打算增加销售额的时候，他们会把偏贵的产品放在中层和上层，但当他们打算追求最高利润的时候，就把利润最高的商品放在中层和上层。那么货架底层都是什么商品呢？当然都是同类产品里便宜或者对商家来说利润偏低的东西，这其中可不乏物美价廉的好东西。

其实,大的商场都是通过研究消费者的心理和行为来指导经营策略。这些经营策略大到超市地点的分布、经营的风格、品牌所面对的目标消费人群,小到超市里的色调、播放的音乐以及货架的摆放。作为消费者的你,了解一些商家常用的策略之后,可以在消费中争取主动地位,避免浪费。

(7) 东西不是越贵越好

贵的东西必然有它贵的道理,但对这贵东西的"好"则要具体分析,传统认为所谓的好,多表现在材料、制造、设计、工艺等方面。在现代社会,"好"的方面要广泛得多——两件材料、制作、工艺等完全相同的西服,名牌的比非名牌的就可能贵上好几倍,那些多出来的钱不是花在西服上,而是花在牌子上。

另外,我们知道在新品上市的时候(尤其是电子产品),价位也是高得惊人的,如果你在这时候买进,无疑可以"风光"一阵子,但一段时间之后,你会发现,时间过得有多快,价钱就跌得有多快。

总之,对于精明的女性朋友而言,无论商家的促销花样多么繁多,你只要认准了只买合适和必需的,就能轻松掌控自己的钱财了。

3. 女人理财七大致命伤

你是一个美女、才女还不够,想做一个独立自主的现代女性,你还得做一个"财女"——高财商的女性。你不仅要懂得赚钱,还要懂得理财,学会投资,为自己计划一个安全美好的未来。从现在开始,从消除自己对理财的误会和抵触做起,把自己修炼成一个财务自由的新"财女"。

有以下这七大误区，阻碍我们成为理财高手，让我们逐一清除它们。

误会1　我不是理财那块料

不少女性对自己没信心，对数字分析没兴趣，不相信自己的能力，态度保守，甚至对理财心存恐惧。身为21世纪的女性，不但在经济能力上不输男性，在理财上也应迎头赶上。只要肯多花一些心思，建立在理财上的信心，你会在理财领域表现得比男性更好。

误会2　我现在还年轻，还用不着理财

女性在理财上所犯的最大错误，就是太晚开始理财，通常都是到了不得不做的地步才去面对理财的问题。

一般而言，女性的平均薪水较男性低。即使有退休金可领，因为职位多低于男同事，她们可领取的金额也会比男性来得少。因此，女性必须将理财的工作作为生活的一部分，积极追求财富的增长，才能享受优质的生活水准。

误会3　我只把钱存在银行

有调查显示，一般女性最常使用的投资工具是储蓄和保险。这样的投资习性可看出女性寻求资金的安全感，却可能忽略了"通货膨胀"这个无形杀手，不仅可能将利息吃掉，长期下来可能连老本都不保。

误会4　会员卡消费节省开支

女人对各种会员卡、打折卡情有独钟，几乎每人的包里都能掏出一大把各种各样的卡。许多情况下用卡消费确实省钱，但有些时候用卡不但不能省钱，还会适得其反。

有的商家规定消费必须达到一定数额后才能取得会员资格，如果单单是为了办卡而突击消费的话，就不一定省钱了。还有一些美容的会员卡，以超低价吸引你缴足年费，可事后要么服务打了折扣，要么干脆人去楼空，让你的会员卡变成废纸一张。

误会5　能挣钱不如嫁个好老公

有的女性把未来寄托于找个有钱的老公，却忽视了个人创造、积累财富能力的提高；有的则凡事依赖老公，认为养家是男人天经地义的事情，自己只要管好家就行了。

记住，爱情和婚姻不是你放弃个人财务自主的理由。不要通过婚姻来解决自己的目前经济状况，因为不稳定的婚姻，不仅使你失去金钱，还将使你失去爱。

误会6　随大流避免理财损失

大多数女性常常跟随亲朋好友进行相同的投资，却忽视了自己的财务需求或者忽略了对所投资的品种进行盘根究底。由于采取了不适当的理财模式，反而造成财务危机。

误会7　我总爱血拼，根本攒不到钱

女性大都有购物的嗜好与冲动，这是导致许多女性个人理财失败的重要原因。

如何控制购买欲？

首先，在选购东西的时候，要慎重考虑自己目前是否真的需要这件东西，假如这件东西目前不需要，那就坚决不要买它，哪怕它的价格非常优惠。因为家里很多束之高阁的东西就是由于这样的诱惑才被买回家的！

其次，身上不带过多的现金是控制随意花钱的好方法。控制了钱包，在某种程度上就能控制肆意膨胀的消费欲。理财需持之以恒，适当调整消费习惯，完全可以将自己的钱财打理得井井有条。

4. 一定要退出 "月光俱乐部"

在现代社会中，尽管有一些女孩已经学会了有计划地理财，成为后一种人；但是还有很多女孩子都成为了前一种人。她们基本不会存钱，大部分的人都说赚的不够花的，根本存不了钱。而事实上，对于她们来说，钱赚得再多也不够花。她们和与她们一样的男孩们就是俗称的 "月光一族"，由他们共同组成了 "月光俱乐部"。

经济学家将人们资产的类型分为 "损益表" 型和 "资产负债表" 型两种。前一种人可能月收入有6000元，但是他们的房租花去2000元，汽车保养费花去2000元，买化妆品、衣服等花去1000元，这样，尽管他们的生活品质有了提高，但是他们的全部收入都用来应付这些花费了，因此毫无存款。后一种人则不会把全部的收入都用来花销，而是会取出一部分用来投资或作为存款，用这种慢慢累积的资产获得更多的利润。这样，之前所累积下来的资产，最后将为自己的生活带来更大的帮助。

"月光俱乐部" 的女孩们的钱总是 "月光光"，手头没钱就难免 "心慌慌"。和她们的战友一样，大多数的 "月光女孩" 看错了 "量入为出" 这个观念，把它看成了 "赚多少，花多少"。而事实上，能够稳定地维持自己的支出，让它保持在整个收入的固定比例之内，才是正确的。

也就是说，要退出 "月光俱乐部"，最直接的方法就是有自己的存款。因为你现在赚的每一分钱，除了要维持现有的生活条件之外，也要顾及未来不可预测的突发状况，以及很久以后的退休生活。

"把钱存下来" 对每一个人都很重要，尤其对年轻女孩来说。大部分年轻女孩都是上班族，都应该从踏入社会的第一天开始学习理财。因为赚钱很辛苦，很多年轻女孩仗着自己年轻，不缺好的工作机会，或者仗着自己年少得志，收入丰厚，就没有了忧患意识。其实，不管你的收入每个月是多少，看起来还有多好的工作寿命和前景，都要知道，人生活得越长，不确定的因素越多。所有大环境的因素，都是掌握在别人手中的，包括经济、政治因素，我们自己所能掌握的无非就是青春和努力。

一些女孩年轻的时候月薪就很高，因此，就大量购买名牌、名车、房屋，甚至养成了透支的理财习惯。透支的危险，前一两年还不一定看得出来，可是几年之后，常常在被抵押的名车、被拍卖的房屋中反映出来。而当这个时候，如果再加上一个工作不顺利，所建构的"上流生活"一下子会被"高级负债"反噬，让人承受不了。这也就是有经验的女人们常常告诉我们的那样：天气好的时候要把谷粮储存下来，防止天气不好的时候没东西吃。

结婚后，女人通常出任家庭的"财政部长"，掌管着经济大权。我们的"决策"直接影响到所有家庭成员的幸福，因此建立存款就更加重要。这和"危机意识"有关，就好像我们小时候会偷偷把100元夹到一本书里面，等到有一天临时要用到钱却没钱救急用的时候，这张被遗忘在存款之外的私房钱就可以派上用场。为家庭存款的目的，最主要是要应变人生重大急难的时候，好比说突然的意外医疗费用，或者是不在预期中的罚单，又或者是突然的失业等，都有可能是存款动用的项目。存款的目的，就是要填补这些临时性的大型支出，好让经济生活能够在突发状况下，继续顺利运作，不至于需要到处借贷，求助无门。

如果我们在结婚后，带着家庭成员一起加入了"月光俱乐部"，那么这是我们的失职。而无论是婚前建立个人存款，还是婚后建立家庭存款，其实都不需要太有压力，基本上可以从生活开销中节省一些下来。比如少吃一次大餐、少买一件昂贵的衣服、少做一次情绪性的消费，将节省下来的钱转入我们的存款金，就已经足够了。如果我们能够按照以下做法来做，就可以从"月光俱乐部"光荣"退伍"。

精打细算。如果你可以精打细算，就把每天生活的基本开销算出来。比如说50元可以让你每天没有压力地吃饭和搭乘交通工具，但有时候你会因为公司聚餐而省下一顿午餐或晚餐的开销，那么，这50元花剩下来的钱，就可以存入银行。

不要每天都买东西。如果下班后一定要再去逛街消费，那么一天的基本开销就是个无法填满的无底洞。所以，固定自己的消费习惯，不要边看边买、看了就买。

比例投资额。从基本消费存下来的存款，可以应对偶然的状况，像亲友结婚的红包等。这笔基本开销应该和同定薪资比例的投资额分开看，以免混淆，造成自己的压力过大。

买东西就是在花钱。你应该很清楚，不管是什么优惠折扣，都不会让你赚到，除非是生活必需开支。

不随便动用存款。不要随便动存款的脑筋，它只有在不得已的时机才能动用。平日最好忘记你有这笔钱。

存款转投资。如果你已经存钱有一段时间，或者累积了一定数量的存款，可以考虑将存款维持在一定数额，其他部分可转入投资。假如你设定固定5万元作为生活应急之用的存款，那么当你存到15万元的时候，就可以把剩下的10万元转入投资。

5. 经济时代，女人不能放过机会

没有风险就是最大的风险。将资产仅仅用于储蓄，也面临着本金缩水、设定的长期目标无法达成的风险。

世界上大多数的财富掌握在少数有钱人手里，而我们不得不承认，在有钱人之中，男人的数量远大于女人。换句话说，就是世界上的大多数财富掌握在男人的手里。为什么世界上女人的钱比男人的少？这主要归罪于女人自己，不存钱、不敢投资是主因。

英国的《泰晤士报》曾经做过一项调查，在英国，比起男性来，为退休以后的生活而存钱的女性要少得多。只有1/3的妇女会存钱养老，而男性的这一比率达到了1/2。即使存钱养老，她们也存得很少，有将近75%的女性的养老存款只有可怜的1万英镑。

当女性有了孩子时，更多的麻烦就来了。对苏格兰女性的研究发现，女人们有了孩子后，每两个当中就有一个会停止为养老而存钱。在孩子5岁以上的母亲中，只有15%的人存钱。

女性所犯的另一个错误是，她们认为自己照料孩子，她们的伴侣会在退休后支持她们。由于一些婚姻以夫妻双方分道扬镳而告终，因此，建立在伴侣的帮助之下的战略是靠不住的。那些关于前妻在离婚法院从富翁丈夫那里获得巨额财富的故事，或许能够登在报纸或其他媒体的头条，让人羡慕，但实际情况却是，在那些年过65岁的离婚女人中，有40%是不会得到足够的经济支持的，只有微不足道的少数的离婚女人能够分得前夫的养老金。

据报道，奥本海默基金曾针对319名男性和298名女性进行了一次调查。结果发现，26%的女性从来不投资，这个比例比男性高10个百分点。调查还发现，67%的女性偏向于在稳定和有保障的领域内投资（譬如保险业）。

虽然女性们倾向于少存钱，而且当她们存钱后，也很少去进行投资，让钱生钱。不过一旦她们鼓足勇气走进证券投资交易市场，她们所获得的收益却比男人要好。

由"数字关注"财经网站进行的调查表明，2012年5月份，男性投资的平均收益率为11%，而当时的股票指数上涨了13%。与之相比，女性投资者的平均收益率却达到了17%。

最近美国的一项研究也证实了证券投资市场更适合女性的说法。对35000名投资者的调查表明，女性投资者的平均收益比男性要高1.4%。

专家称，女性比男性更容易在证件市场获得成功的原因在于她们更谨慎。女性总是喜欢选择平衡的投资组合，而男性更喜欢冒险。所以从投资角度来说，男性更多是"猎手"，女性更多是"采集者"，男性投资更具有风险性。

与男性相比，女性明显具有严谨、细致、稳健、保守、感性的特点，这些特点使女性对家庭的生活开支更为了解；在收入、支出的安排上享有优先决策权，能够很好地控制风险；又往往会事先征求多人意见，多思缓行等。但是，这些特性发挥到了极致，就会演变成女性理财中的致命伤，使女性"本末倒置"，只重眼前小利，忽视在投资和理财上的长期规划，而且惧怕风险。

其实，风险是绝对的，安全是相对的，世间没有100%安全的事情，我们走的每一步都有风险，我们不能害怕、回避风险，关键是评估、管理风险。只要评估确认风险收益比合适，并采取尽可能的风险防范措施，就要争取第一时间进入，获得市场发展初期不充分竞争的发展良机，这是理财的基本原则。

作为一个投资者，不要试图完全消除风险，那样做并不理智，因为过多的考虑安全问题会让你丧失很多很好的机会，机会的来临并不是所有的人都能够看得到。它是慢慢地露出一点儿迹象，带有很大的不确定性，也就是存在一定的风险，但勇敢者从中嗅出了甜蜜，敢于冒风险去尝试，结果取得了成功。在这里还有一点要说明，那就是风险并没有你想象的那么严重，不要自己吓唬自己。对于大多数的女性来说，在投资上需要有更多的冒险精神，不要因惧怕金融市场的高低波动、投资决策的判断失误，而对投资敬而远之。殊不知，没有风险是最大的风险，将资产仅仅用于储蓄，也会面临着资本缩水、设定的长期目标无法达成的风险。

理财的关键是把风险控制在一定范围之内。控制措施之一是评估风险，只要经评估后认为风险不是很大，风险收益比例合适，可能的收益大于可能的风险，就应该积极尝试。当然，在投资之前，要做到知己知彼。所谓知己，是指必须了解自己或家庭的财务状况、风险承受能力、投资偏好和理财需求。知彼，是具备理财基本知识，清楚理财工具的风险和收益，了解市场的行情变动和国家宏观经济状况等。然后结合自己的年龄、家庭、资产、投资经验，为自己规划风险系数。

通常情况下，随着年龄的增长，可承受的风险递减。一个粗略的估算是"可承担风险比重=100-目前年龄"。如你的年龄是30岁，依照公式计算，你可承担的风险比重是70（100—30），代表你可以将闲置资产中70%投入风险较高的积极型投资（如股票），剩余的30%做保守型的投资操作（如定存）。但这不能一概而论，因为风险系数还与婚姻、家庭经验有关。

理财专家推崇的一个原则是不把鸡蛋放在一个篮子里，这是规避投资风险的一个真理。但大多数女性投资者在进行投资时却经常是对

"某一个篮子"表现出独特的兴趣。

俗话说"万事开头难"，理论再多也是空谈。克服投资失误恐惧的最好办法就是直接面对，去做自己害怕的事情。久而久之，习惯风险之后就不再感觉到风险难以驾驭、处处是危机、处处是陷阱了。

6. 投资、养老、育儿，一个都不能少

养老险，早买更划算

不得不佩服时间的脚步，昨天苏佳等"80后"还被喻为垮掉的一代，今天就要跨入而立之年，成为社会的中坚分子。不仅在社会上，在家庭中，苏佳也变成了名副其实的"上有老，下有小"的"夹心层"。夹心饼干的夹心，是饼干的调味剂，但家庭的夹心层，含义却不仅限于此，更多的是代表着一种责任。

中国有句话叫："养儿防老。"现在，虽然苏佳父母的身体还算健康，可是他们距离年老越来越近。怎样为父母养老作准备，是苏佳刻不容缓需要考虑的事情。

苏佳和老公不止一次探讨过父母养老的问题。苏佳父母有退休金，晚年生活基本可以得到保证，公公婆婆则相对比较困难，他们生活在农村，除了土地，几乎没有其他依靠。而且，随着年纪不断增长，公公也不能再继续做小生意，可以依靠的就是他们唯一的儿子。

老公是孝顺的好孩子，苏佳也不是不明事理的儿媳妇。想当初他们买房时，公婆还将辛辛苦苦攒下的10万元拿给他们。知恩图报，将心比心，苏佳支持老公给公公婆婆买份商业养老保险的主意。

养老保险，说买就买，可是等他们真正了解之后，才发现其中还有很多不知道的秘密。

在选择养老险种时，苏佳的老公看中了一款终身养老保险，不仅具备增值功能，而且养老金不会随着通货膨胀等因素缩水。听起来，这份养老保险挺靠谱。

当时，根据苏佳公公的年龄49岁，需每年交付14790元，一直到他65岁为止。从65岁开始，前三年，苏佳的公公每年可以领1万元，第四年开始领取10600元，此后，每隔三年，领取的养老金就会增加600元，一直到他100岁为止。总体算来，到100岁时，苏佳的公公可以每年领16600元。

的确，养老金是在增值，但是每年交付14970元，对身负房贷和即将生小孩的他们来说，负担还是有些重。

买养老保险，如同攀登山峰。同样一笔费用，如果从25岁就开始准备，你可以轻装上阵，感觉不到负担，一路轻松之后，便直上顶峰；如果从40岁开始准备，那恭喜你，还不算太晚，不过会感觉有些吃力，如同现在小学生背着沉重的书包登山，难免会气喘吁吁；如果你推迟到50岁开始准备，就有些遗憾了，如同扛着沉重负担去攀登悬崖，其中的辛苦常人难以体会，大部分人会感到力不从心。

同样都是人，同样都是买养老保险，过程和结果的差距怎么这么大？差别就在年龄！张爱玲女士不是说过吗，出名要趁早。其实，买养老保险也是一样，也要趁早，早买更划算。买得越早，投保人的死亡概率就越低，不仅保费更便宜，红利积累得也更多，收益的空间也更大。

先用最简单的存款例子给大家解释一下。假设存款年利率不变，恒定为3%，再假设你给自己制定了"60岁退休时存够100万元"的目标。如果你从30岁开始实施，定期向银行存款，要实现目标，每个月只需要存1元。但是，如果你从50岁才开始存款的话，每个月就需要存7元。

道理就是这样简单！年轻人给父母买养老保险，这份孝心值得称赞，但是由于父母年纪过大，保险公司定的费率过高，所交保费也高。一般来说，年轻人的保费比老年人低很多，"保父母"不如"保自己"更划算。

"保自己"除了有投保年龄小所需费用低的优势外，还具有以下几个优势：

第一，保障时间越长，收益越丰厚。大部分养老险都是长期甚至终身保障，一经投保，就可以享受保障利益，投保人年纪越小，享受的保障时间就越长。而且，很多养老险有分红功能，分红是以复利计算的，越早投保，也越早享受分红收益，累计时间越长，收益也就越丰厚。

第二，保险费率更低。经济不断发展，物价随之上涨，消费水平也相应提高，保险产品也会更新换代。保险公司不可能长时间保留原费率的产品，运营一段时间后老产品就会被停售，继而推出费率稍高的替代产品。在价格上，过往的保险产品总是比新推出的产品更优惠。

第三，年轻人更容易通过核保。并不是每个人都能买保险，每份保险都有健康和年龄要求等明确的投保条件。相比而言，年轻人身体较为健康，在特定保险金额内不需要体检，即便需要体检，也极容易通过。但是年纪大者，一定会被要求进行体检，万一查出身体疾病，可能还会被要求增加保费，或者可能被拒保。

不过，尽管年轻人投保优惠多多，但也不要误会，苏佳说的"保自己"并不是让你不管父母，而是以自己的名义买份养老保险，受益人是父母。在保险公司的推荐下，老公买了份万能险，被保险人是老公自己，受益人是公公婆婆。这份万能险以6000元起步，每月交500元即可,交20年,共计12万元。

在苏佳他们交了6000元的第一年,保单账户里的身价就可达到12万元。此时,一旦苏佳的老公出现意外,受益人苏佳的公公婆婆就可得到相应的赔付。如果苏佳的老公一直平平安安,保单账户就会继续升值。到第二十年,以中等回报率计算,保单账户的资金就可累积到万元。到老公60岁时,保单账户里就有万元;70岁时,有万元……另外,这份万能险的最大特点是,只要投保人每次领取的金额不少于1000元,就可以自由领取,而且只要你的保单账户里有钱,保险公司就必须要一辈子帮你理财。

比较来,比较去,苏佳和老公都觉得这份万能险更经济,也更合适他们家。首先,保费不太高,对苏佳他们的生活构不成压力。一年交6000元,每月只需交500元。而且,虽然保险合同规定前三年必须每年交6000元,但如果在三年中某个时间段遇到经济不宽裕的状况,可以暂时不交,等到手头宽裕时,再一并交上。

其次,账户里的钱可以自由领取。这份万能险的投保人是老公,受益人是公公婆婆,兼具"上可顾老,下可顾小"的优势,每年都可领取部分资金,作为父母的养老金。

生一个计划内宝宝

"早插秧早打谷,早生儿早享福。"自打苏佳结婚的第一天起,无论是打电话还是见面,老妈都常在苏佳耳边唠叨这句话。随后,她还会列举早生宝宝的好处:年纪轻,带宝宝有精力;年纪轻,生的宝宝健康;先成家后立业,早生宝宝,让你工作更顺畅……

按照传统思想,应该是婆婆先来"催生"才对,没想到苏佳妈这个做外婆的竟然比做奶奶的还要心急,真是有些让苏佳搞不懂。

其实仔细想想,作为过来人,老妈提出的建议肯定是为苏佳考虑的。当初,老妈在30岁高龄时生下苏佳,是形势所迫。现在,虽然她身体状况基本良好，但是时不时也会出现胳膊酸、腰疼等毛病，用她的话说："这都是晚生宝宝留下的后患。"

苏佳也知道，早生宝宝对母亲和宝宝的生理都有好处。从理财的角度来看，女人在30岁之后生宝宝，由于存在高风险，出于自己和宝宝的身体安全考虑，可能会支出更高昂的费用。用苏佳经常说的一句话，那就是"不划算"。

同学的姐姐一直是追求上进的女人，硕士毕业之后，又留学美国，直到拿到博士学位后才回国结婚，怀孕时已经36岁。在一段时间里，苏佳去同学家玩时经常能遇到她，怀孕的女人的确是最美丽的，她脸上总是洋溢着掩饰不住的幸福。

由于是高龄孕妇，同学姐姐一直注意营养和保胎，但是在第三个月时，悲剧发生了。去医院做检查时，医生告诉她宝宝已经停止发育。虽然具体原因没有弄清楚，但医生表示，与年龄和工作压力大不无关系。

当时，这件事在苏佳心中造成了不小的冲击。那时虽然苏佳还没有结婚，却产生了一结婚就生宝宝的想法。趁着年轻，早早把宝宝生下来，等宝宝长到十几岁，自己才三十几岁，走在一起，被别人夸为"姐弟"或"姐妹"，想想就开心！

事实证明，这种想法极其不现实，是典型的看电视剧过多留下的幻想综合征。当家才知柴米贵，结婚最初的一两年里，在相继成为"房奴"、"车奴"之后，如果再来一个吃喝拉撒睡都要花钱的小家伙，的的确确是个大负担。

十月怀胎，孕检套餐、营养搭配、防辐射服、胎教光盘等，每一项都是一笔不小的费用。宝宝出生时，被喜欢剖腹的医生怂恿，还可能为小孩另开一扇"门"，又是一笔大开支。小家伙出生后，母乳可能不够，被三聚氰胺吓怕了，要花高价买进口奶粉，还要补充各种维生素。

就连小家伙撒泡尿，也比成人去收费厕所花费高，尿不湿一片就要几元钱……

当然，如果你觉得自己有足够的影响力，不妨生个"布鲁克林"。作为超级帅哥贝克汉姆与辣妹的长子，布鲁克林自从生下来就备受广告厂商追捧，不用爸妈养育不说，还能带来极高的回报。

布鲁克林的事情当然是开玩笑，相信没有人愿意把自己的宝宝当做"招财猫"来用。生宝宝这件事，既是为了人类社会繁衍，也是家庭和个人的延续，所以即使是负担，也是甜蜜的负担。

看着自己可爱的宝宝，你会发现，世界上没有什么事情比他/她的笑脸更重要，不当妈妈永远无法体会这份只可意会不可言传的快乐。苏佳也是从宝宝出生后，才品尝到这份快乐的。

所以，明知山有虎，还是要向虎山行，宝宝该生还是要生。婚后做好"计划生育"工作，打好一定的物质基础，生宝宝就不再是负担。婚后第三年，苏佳他们已经住上了贷款买到的房子，还买了一辆质量可靠的汽车，由于工作努力，老公的工资也翻了一倍，苏佳家的经济实力虽然不算雄厚，至少也算迈入小康水平。此时，不用老妈再催促，苏佳和老公都觉得生宝宝的时机到了。

通过学习，苏佳将孕期花费总结为三个方面，即孕期营养费、产前检查费和宝宝用品费，并制订了相应的支出计划。那段时间，她经常浏览生育论坛，向一些妈妈级别的人讨教孕妇营养知识、产前检查注意事项等。当时，凭借自己的真诚和虚心态度，她还真讨教到一些省钱之道，比如某项产前检查可做可不做，纯粹是医院为多收取费用的行为等。

自从苏佳怀孕后，就还养成了记账的习惯，将每个月的收入和支出记在账本上，不仅使钱款的来龙去脉一目了然，又为减少不必要的开支提供了依据。记账的效果立竿见影：3月份时，包括产前检查等各种费用，体现在账本上是360元；4月份时，费用就减少到280元。不过，偶尔也有超出预算的情况，基本都是在苏佳身体出现意外时的支出。比如5月份时，因为工作有些劳累，苏佳身体出现了一些不适，为安全起见，医生特意让苏佳增加了两次产前检查。

在宝宝即将出生的前两个月，苏佳还向医生以及生过孩子的亲戚朋友"取经"，然后到超市和婴幼儿用品商店详细比较了各类用品的功能与价格。功夫不负有心人，最终，苏佳买到了实用的婴儿车、婴儿粉、爽身粉、婴儿奶嘴等用品，让宝宝从出生之日起，就享受到了父母理财生活的成果。

不过，说到这里，苏佳还要提醒各位准妈妈或准备怀孕的朋友们，除非你身体状况不允许，否则怀孕后还应坚持上班。当然如果你在工作中会长期接触有害物质，则另当别论。

如果仅仅是电脑辐射，就不用太担心，穿上为孕妇特制的防辐射衣服，与电脑保持50厘米以上距离即可。坚持上班，不仅能多拿几个月工资，还能和人接触，比一个人闷在家里要好得多。妈妈心情好，自然有利于宝宝发育，这是一举两得的好事。

7. 不要太贫穷，否则会丢了女人的脸

《圣经》里有这么一句话："不要太贫穷，否则会丢了神的脸。"可见，富裕也不光是为了你自己，还为了照顾神的脸面。其实对于女性同胞来说，口袋的松紧与你的脸面关系重大，它可以让你笑容满面，也可以让你愁眉紧蹙。

很多女性都抱有这么一个想法——"干得好，不如嫁得好"。所以，她们花在男人身上的心思远远多于花在自己身上的。的确，能找到一个"绩优股"或者"潜力股"是个不错的选择，而"有房有车有存款，无父无母无兄弟"也一度成为很多女性的择偶标准。她们在择偶时的第一个标准就是"房子"，仿佛嫁人就是嫁房子，房产证就是结婚证。但如今新《婚姻法》的出台，让她们不禁黯然失色，大呼"伤不起"！

在"白头偕老"已经快要成为罕见新闻的现代社会，女人如果还幻想着找一张长期饭票，那么你就危险了！一旦婚姻破碎了，承受更多伤痛的往往是女人。这个时候没钱没青春，好日子从哪里来？俗话说"钱是人的胆"，钱不是万能的，但没有钱万万不能。所以，如果说理财是门选修课，那也是你不能翘的一堂课。女人要懂得经营，善于理财，不靠男人，要做自己的CFO（财务总监）。

据了解，中国有75%左右的女性认为自己在管理着家庭的财务。其实，说起来，这充其量也就是管理家庭消费，管全家人的吃喝拉撒、水电煤气等杂七杂八的事，谈不上理财。理财的观念，其实在古代就有了。在《大学》里有这么一句话：生财有大道，生之者众，食之者寡，为之者疾，用之者舒，则财恒足矣。大意是，发财致富有良方：国家没有无业游民，那么进行生产的人就会增多；朝廷中的官员都能兢兢业业、公正廉明，那么靠政府吃饭的人一定减少；不耽误农事生产的各阶段，农民生产自然会勤快；量入为出，理财者就可以从容不迫。总结为一句话：财富的积累要有正确的途径——参与创造的人要多而勤奋，参与消费的人要少而节省。开源节流，财富自然就会积少成多。这虽然是治国之道，但用在个人理财方面也未尝不可，因为理财很重要的一点就是要"量入为出"。从字面上讲，理财就是对财富进行有效管理，实现财富的保值和增值。正所谓"流水不腐，户枢不蠹"，只有不断打理钱财，才会物有所值、物超所值。

　　自古以来，女性对自身理财的能力不大了解，但也不是说没有。回头看看历史文学记载，你会发现每个大家族财富背后的核心基本都是女人。不管是《红楼梦》里精明泼辣的王熙凤，还是《大宅门》里的那个二奶奶白文氏，她们在理财方面绝对是高手。都说"男人打江山，女人坐江山"，女人管理家庭财务不是坐享其成，也不是挥霍无度，而是通过掌控财政大权来掌握自己的命运。

　　女人如果不懂理财，不管你曾经多么有钱，都会落入坐吃山空的境地。大明星麦当娜就因为其聪明的头脑把日子过得风生水起。

　　和麦当娜一样，理性的章子怡也是一个懂得理财的人。演技精湛的章子怡看似不善理财，可她却把自己的演艺生涯经营得别具特色。虽然其中有运气在里头，可更值得称道的是其精明的头脑，让她在演艺之路上越走越顺，并顺利成为中国片酬高、广告多的"大富婆"。

　　我们谁也想不到，如今身价千万的章子怡在接拍第一个广告时，拿到的费用只有140元，这与她当前的高收入形成了强烈的反差。当时，章子怡只有14岁，这支广告虽然说只赚了140块钱，但章子怡在后来的采访中回忆："当时这个对我来说意味着很多钱。我记得我拿了钱后就开心地请我同学一块儿去吃饭，花得挺快的。"

　　后来，又是通过拍广告，章子怡认识了张艺谋。再后来，张艺谋让章子怡出演《我的父亲母亲》，这无疑是章子怡生命中最重要的转折点。自从这部电影之后，章子怡红了，持续上升的势头一直延续到了现在。这个貌似弱不禁风的女孩，开始了"山鸡变凤凰"的蜕变。从首次广告代言赚140块到"10万块对我来说不算什么"，章子怡正在一步步充实着自己的"财富帝国"。

　　后来，章子怡一路大红大紫，随着演技和社会影响力的提升，片酬自然也大幅上扬，在"2004福布斯中国名人排行榜"中，章子怡以

3500万元人民币的年收入、88次电视曝光率和1838次报纸报道以及超过140万次的网络搜索排在所有娱乐明星的第一位，被誉为"最值钱的中国女星"。然而，章子怡并没有因为自己的进步而耍大牌，她自降身价扶持年轻导演的做法足以让我们看到其"胜不骄"的品质。

在章子怡众多的广告中，她最喜欢是一个有关VISA信用卡的广告。在这个广告里，章子怡不仅得以和大名鼎鼎的"詹姆斯·邦德"——皮尔斯·布鲁斯南携手合作，还可以喜滋滋地将400万元人民币装进腰包！而也是受该广告的影响，收入剧增的章子怡开始注意到理财问题。她意识到不能光赚钱而忽视了理财，理财对一个女人来说重要性是不言而喻的。于是，她结合自己的收入，注重各种理财渠道，选准了适合自己的理财方式，做起了自己的CFO。

章子怡在投资理财方面，最倾心的是房产和铂金这两样保值的"硬通货"。她在有了足够的能力后就开始购置房产，自住投资两不误。此外，章子怡对于铂金也是颇为青睐。在她成为国际铂金协会代言人时，"铂金大使"章子怡就看好了铂金的前景，自己也是积极投资铂金，让铂金成为她的另一个生财之道。另外，虽然章子怡收入丰厚，但她一直强调"俭用"，她不赞成动辄成千上万的奢侈名牌置装支出，她一直追求的是适合自己的而不是奢华的东西。

女人的独立要靠财力支撑，会赚钱的女人，才能活出自己的美丽，才能按照自己的意愿自由生活，所以作为一个聪明的女人，一定要尽早培养赚钱能力和理财能力。关爱自己，为自己以后的人生早作打算，如此才能活得轻松、自在、无忧。

第 十 章

遇一良人，终此一生

真正的幸福，不是寻找到最优秀的人相伴，而是找到最适合的人相随。真正的了解，不是看清他的人，而是懂得他的心。

1. 找到最合适的人相随

俗话说："一个成功男人的背后往往站着一个伟大的女人。"同样的，一个好女人的背后也往往有一个好男人。可见，爱人之间的相互影响是无法估量的。因为每一对爱人朝夕相处，是彼此最亲密的伙伴、最贴心的伴侣。所以，选择什么样的人作爱人，不仅对家庭有很大影响，对个人的一生也有很大的影响。一个好的爱人能成就一个人，一个不适合的爱人可能会毁掉一个人。

那么，什么样的恋人才是最适合自己的呢？大多数女人很少思考这个问题，她们基本上是"跟着感觉走"，对方外形好、有钱、有感觉等，这些外在的条件常常是她们选择恋人的标准，至于对方的品质、修养却很少考虑。但是，在选择恋人的时候如果一味跟着感觉走，过分注重对方的外貌、学历、工作等外在因素而忽视其内在的素养，那么很有可能给自己的生活和前途带来麻烦。

张小娴曾经说过："爱上一种味道，是不容易改变的。即使因为贪求新鲜，去尝试另一种味道，始终还是觉得原来的那种味道最好，最适合自己。"

金属锡痛恨自己太软弱，一直都渴望找个办法让自己变得坚强些。锡知道金刚石非常坚硬，它渴望金刚石吸收自己，但却遭到了拒绝。锡又找到了生铁，没想到还是被拒绝了。

屡屡碰壁，锡的心里很难过。它把自己的苦闷告诉了和它一样软弱的金属紫铜："我们都很软弱，谁能帮我们呢？"

紫铜说："锡，你也不要伤心了。如果你不嫌弃的话，我们结合在一起吧！"于是，伤心欲绝的锡投入了紫铜的怀抱。

然而，就在它们结合的那一刻，奇迹发生了。锡和紫铜不再软弱了，它们都变得很坚硬，而且它们还有了一个共同的名字——青铜。

生活中总有这样的情景：一个帅气的男孩选择相貌平平的女孩做女友，一个美丽的女人非要嫁个身材矮小的男人做妻子，一个才华横溢的男人甘愿与一名普通的女工过一生……他们看起来如此不般配，却过得很幸福，甚至实现了"执子之手，与子偕老"的梦想。或许你曾质疑过他们的选择，也曾一度想要知道他们幸福的奥秘是什么。此刻，我相信你已经从上面的寓言故事中找到了你想要的答案。

两种同样软弱的金属物质，结合在一起竟然能够变得异常坚硬，这也暗喻了一点：在爱情和婚姻中，最合适的就是最好的。如果把锡比作女人，把紫铜比作男人，那么这两个最合适的人结合起来就是幸福。这个道理，我们大多数人都听过，但不是每个人都能在爱情路上作出正确的选择。往往都是在亲身经历一些事情之后，才能真正领悟到其中的真谛，不过这也总好过执迷不悟。

在我们一生中，谁是最适合我的人？谁是能与我白头到老的人？谁能与我相伴一生？我们在面临选择时，总是问自己这样的问题。

两性之间的捕捉与追逐是最常见的爱情形式。但爱情是追到手的吗？显然不是，爱情是两个人、两颗心的相互靠近。在你喜欢上他的那一刻，也许他已经喜欢上你了。

雨雯是个优秀的女孩，人长得漂亮，工作能力强，身边不乏追求者。不过，雨雯对于选择男朋友很谨慎，她的态度就是宁缺毋滥。

雷奥是雨雯大学时代的校友，是个儒雅的男人，他对雨雯一直情有独钟；公司的同事乔安是个事业型的男人，对雨雯也颇有好感。两个人对雨雯都展开了猛烈的追求，周围的朋友劝雨雯选择乔安，说这样的成功男人不可多得；雷奥倒是人不错，可总觉得雨雯嫁给他这样一个平常的男人有点委屈……朋友们的话雨雯听在心里，可她有自己的想法。

在雨雯生日那天，她收到了两份特别的礼物。雷奥和乔安都知道雨雯几天后要参加姐姐的婚礼，于是不约而同地为她买了鞋。乔安送了雨雯一双名牌的高跟鞋，是当下最流行的款式；而雷奥却送了一双普通的、看似有点老气的坡跟凉拖。看到这两份礼物之后，雨雯在心里作出了选择。

朋友们笑雨雯傻："乔安那么有品位的男人你不要，非要雷奥这个土老帽。你看看他送的鞋子，怎么能在婚礼上穿呢？"雨雯笑了笑，说雷奥更适合自己。

原来，雨雯的脚一直有伤，每次穿高跟鞋的时候，脚后跟都会疼。在婚礼上，她要给姐姐做伴娘，一天下来肯定会很累，如果穿高跟鞋脚会痛得走不了路，穿坡跟鞋会更舒服一点。雨雯觉得自己在生活中是个粗心大意的人，有时为了工作废寝忘食，她渴望有个人在身边照顾自己，关心自己，雷奥这份踏实和细心正是雨雯所需要的。至于乔安，或许他是浪漫的，懂柔情的，但雨雯的世界最需要的并不是这些，她要的是一个贴心的爱人。

爱情里没有更好的，只有最合适的。朝三暮四，只能一无所获。只有懂得珍惜和知足的人，才能拥有完满的幸福。

不要说："茫茫人海，芸芸众生。只要愿意等，总有一天能找到那个属于我的完美另一半。"也不要总是觉得身边的人不够好，后悔自己当初的选择。在这个世界上，不乏让我们怦然心动的佼佼者，然而，世事可以完满者甚少，恰好两情相悦的事情发生的可能性又有多大呢？

在茂密的森林中，如果你看中了一棵树，也许它在别人的眼里枝叶既不茂盛，树干也不是很笔直，但只要是适合你的，你就应该为自己的选择而欣慰。

2. 不要拿他恋爱时的模样与现在相比

很多人在经历了爱情的失败之后，迟迟无法接受下一段美好的爱情，究其原因，往往是因为这些人总是把离开了自己的人当成了以后择偶的标准，每当面临再次选择时，就常常有意无意地把新的对象和以前的恋人进行比较。这种比较对新的对象来说是不公平的。对于大多数人来说，越是得不到的东西，越是弥足珍贵，所以一段失败的感情，反而成就了那个昔日情人在心目中的高大形象，内心深处难以抹去被美化了的初恋情人的幻影，因而会产生对后来者的失望和百般挑剔，导致爱情更加不顺利。

也有的人对爱人以前的爱情经历耿耿于怀，她们总喜欢对对方过去的爱情经历刨根问底，在想象中塑造着对方往日恋人的形象，然后拿来和自己反复做着比较，在这种比较中，常常会产生嫉妒、愤怒、自卑等消极情绪。所以，要想幸福，就别比来比去。

姚宁在大学时代就和同班同学紫琼谈起了恋爱，两个人的感情一直都很稳定。可是大学毕业后，紫琼去了美国留学，姚宁考虑到自己的事业在国内更有前途，所以根本就没有去国外的打算，而紫琼又不想很快回国，所以两个人经过协商，友好地分手了。

　　一次偶然的机会，一名叫李晓会的女护士闯进了姚宁的视线，经过长时间的观察，姚宁发现李晓会虽然只是中专毕业，但是人长得很漂亮，而且为人热情、大方、善良又有耐心，他觉得这种女孩非常适合做妻子。因为自己是个事业狂，如果能够娶到李晓会这样的女孩做妻子，她一定会是个贤内助，肯定能成为他发展事业的好帮手，于是在他的狂热追求下，李晓会终于成了他的恋人。

　　为了避免不必要的麻烦，姚宁从未对李晓会说起过去和紫琼的那段恋情。而姚宁和李晓会的感情也越来越顺利，甚至到了谈婚论嫁的地步。也正如姚宁所料，李晓会果然对他的事业帮助很大，休班的时候，李晓会总是到姚宁的住处帮助他打扫房间、洗衣、做饭，有时还帮助他查阅、打印资料，两个人都充分享受着爱情的甜蜜和美满。

　　可是，有一天，姚宁的一位大学同学从外地来这里出差，晚上在饭店为老同学接风的时候，姚宁带李晓会一起去了。由于久别重逢，姚宁和那位老同学都感到很兴奋，于是两个人都喝得有点过了，那个老同学忽略了李晓会的感受，对姚宁说，他们这些老同学都对姚宁和紫琼的分手感到十分遗憾，因为紫琼是那么才华横溢，将来肯定能在事业上大有作为，老同学原本都以为他们俩是天造地设的一对，在事业上一定会比翼双飞。

　　虽然那位老同学也说，今天见了李晓会后，也就不会再遗憾了，因为李晓会的漂亮和善解人意都是紫琼所无法比拟的。但是这丝毫没有减轻李晓会心中的痛苦，她第一次知道在自己之前，姚宁还有过一个聪明而有才华的女朋友，尤其是那个女朋友比自己优秀得多：她比自己学历高，而且还去了美国留学。在李晓会看来，姚宁之所以要对她隐瞒这段感情，一是因为紫琼出国而抛弃了他，他出于一个男人的自尊而不愿意对她提起；二是因为他至今都忘不了紫琼，而她则完全是姚宁用来掩饰心灵创伤的一张创可贴罢了，她为自己成了紫琼在姚宁心目中的替代品而感到可悲。

所以那天回来后，李晓会跟姚宁大闹了一场，尽管姚宁百般解释自己是一心一意地爱着她的，至于紫琼，那完全属于过去，自己对她真的已经没有爱的感觉了。但是在李晓会的心目中还是从此产生了疙瘩，在以后两个人交往的过程中，李晓会处处自觉或不自觉地拿紫琼来比较，有时候都让姚宁防不胜防。有时姚宁夸李晓会几句，她就猛不丁地来上一句："你以前是不是也常常这样夸紫琼？"如果有时候李晓会什么事情没做好，姚宁向她提意见，她常常反唇相讥："对不起，我就是这种水平，谁叫你放走了才女，而交了我这个低学历、没本事的女朋友呢，后悔了吧！"

一次，姚宁要去美国出差，李晓会一边帮他收拾行李，一边问："就要见到紫琼了，心情一定很激动吧？"当时姚宁正急着整理去美国要用的一些资料，就没顾得上搭理李晓会，这让李晓会更加误会了，她又说："好马也吃回头草，如果现在紫琼还是一个人的话，你们这次就在美国破镜重圆了吧。"

这时，姚宁不耐烦地说了一句："你怎么又拿紫琼说事，烦不烦啊！"不料，李晓会脸色大变："我学历低，能力差，不能和你比翼齐飞，你当然烦我了，要烦了就明说，别遮着掩着，搞那一套此地无银的伎俩，我不是那种没有自尊、非要赖上一个男人不可的人。"说着转身离去了。

由于第二天就要启程去美国，所以姚宁就想等回国后再去找她解释，可是令他没有想到的是，等他回国后，她已经火速地经别人介绍认识了一个男朋友，她对他说："我现在的男朋友各方面都不如你，我这么急着另找一个人，也是为了逼自己坚决离开你，我必须自己断了自己的回头之路。"

爱人的前一段感情往往容易导致后来者惦记那个离爱人而去的人，他或她不但自己对以往的人或事耿耿于怀，而且更不断地提醒对方："永远不要忘记。"如此一来，那个原本已经成为了过去的、跟现在毫不相干的人便长期纠缠在两个人的爱情生活中，最终可能导致情感危机。

爱人的职责，就是支持、帮助自己的另一半实现他们的理想，在这个过程中不要挑剔他，不要拿他和周围的过去的某人相比，而是应该温柔地鼓励他、赞赏他，为他加油打气。不幸的是，有些人一心想要爱人超过本身的能力范围而成为自己想象中的样子。这种人虚荣心太强，渴望爱人比别人更富有，比别人地位更高、名声更响，于是她们的爱人就永远没有希望满足她们的需要了。

其实，当初男肯娶女肯嫁，都代表着对对方相当的肯定，至少在结婚之初，大家确认对方是自己可以相守一生的伴侣。婚姻是既实在又琐碎的，激情消失之时，双方缺点暴露无遗，此时，切不要拿他恋爱时的模样与现在相比，更不要拿别人跟他比。

3. 爱情有时候也是一种义气

爱情不是花荫下的甜言，不是桃花源中的密语，不是轻绵的眼泪，更不是死硬的强迫，爱情是建立在共同认可的基础上的。

一个女人很漂亮，有很多男人追求她，但她却喜欢上了平凡的教师。狂热的恋爱，终于带着他们走过了红地毯。丈夫对她宠爱有加，几乎包揽了所有的家务。对她的任性和坏脾气也都包容着，因为他爱她。

日子很平常地过着，有了孩子后，家庭经济明显变差，他们的工资除了养孩子、交房子贷款，仅够维持正常的生活。女人再也没有多余的钱买化妆品和时装，也没有多余的钱去维护从前的浪漫。

她的心里渐渐滋生了不满，牢骚也多了起来，丈夫从不多说什么，只是尽己所能承担着生活的压力，并在业余时间写稿子补贴家用。但这些妻子并没有感觉，她开始怀念那些花前月下的日子，那热烈的爱情才是她最终的追求。

妻子变了，越来越不爱回家，打扮也洋气了起来。丈夫终于从朋友那知道，妻子找了一个有钱人。但他没有吵闹，只是暗示妻子，平凡的日子才是最真实的，不要迷失了自己。

然而妻子此时已经对新的生活有了狂热的喜爱，尽管丈夫对自己很好，但她却无法抵挡有钱人的诱惑，他们出入高级宾馆，买高档时装，吃西餐，打高尔夫……她觉得这样的日子，才是自己希望得到的。

她终于提出了离婚，丈夫平静地签了字，他说：保重。

两年后，有钱人并没有离婚娶她，而是找了更漂亮的女人。备受冷落的她又想起了那平淡而幸福的日子，有意复婚。她找了他的好朋友去说情，但朋友并没有带回来肯定的答复，而是带回了一张前夫的纸条。

男人写道："真正的爱情不是四目相对，而是两个人同视一个方向。如果爱不是建立在共同的追求和价值观的基础上，将来就会很容易出现矛盾。"女人久久地看着，潸然泪下，她知道，自己永远失去了他。

很多女人的感情、生活、工作和男人是两条永不相交的平行线，各有各的圈子，各有各的行为路径，太多的时候两个人不是同视一个方向，久而久之，感情难免会淡化。

聪明的女子都选择与自己价值观相似的男人为配偶，在彼此价值观相似的情况下，才可能长期进行密切的交往和深层的沟通，共同向着相同的目标行进，彼此相互配合，使双方产生越来越多的安全感和满足感。共同的目标、思维习惯和相似的作为，都是感情和谐度提升的加速器。

在杨澜的语录里有这样一段话，"我认为婚姻最坚韧的纽带不是孩子，不是金钱，而是精神上的共同成长。爱情有时候也是一种义气，不光是说这个人得了重病，或者他破产了你仍然跟他在一起。还有另一种是，当他精神上很困惑、很痛苦，甚至在你身上发脾气的时候，你依然知道他是爱你的。我经历过很多困惑，但我丈夫吴征就属于特别讲义气的那种，不管你怎么样，我就要跟你一块儿走。这种力量是蛮强大的。当你走过那段时，回过头你会特别感谢那个人。"

而现实中，我们维系婚姻的时候，又做了什么呢？

和玉和她的丈夫杰西走到一起费了不少周折，从两人的相恋，到最后走到一起可以说是共过患难的。

他们毕业后在那个城市租了一间房子，开始了两个人甜蜜的生活。可是在高消费的城市里，他们微薄的工资勉强可以养活两个人。和玉找工作的时候还好点，可是杰西却屡屡碰壁。一个月下来他们的积蓄连每个月500元的房租都付不起，和玉每天只在公司吃一餐，而杰西每天只吃馒头和辣椒来充饥。

那个时候杰西劝过她放弃，可是和玉却认真地说："我不在乎每天和你吃馒头过日子，我在乎的是你，是你对我的疼爱。而不是那些漂亮的衣服，昂贵的零食。只要有你，我就不怕苦。"

他们结婚好几年之后，杰西每次说到和玉的时候总是带着笑说：

"那个愿意陪我吃馒头的女人，让我永远都放不下。"

俗话说，患难见真情。所以，只有在精神上给过男人支持，给过安慰，这样才会让男人对你更加死心塌地。很多失败的婚姻或者男人最后出轨了，都有一个相似的原因，那就是没有共同语言了。这个时候不只是单纯的没有话题了，而更多的是男人从女人那里得不到精神上的共同点了。所以，只有女人在精神上和自己的男人共同成长，婚姻的城池才会更加的牢固。

所以，女人还是把更多的时间放在和男人的精神一起成长上面吧，有一些共同的爱好，一些相同的兴趣，再困难也不放弃，这样的情谊才会让婚姻的纽带更加有力而富有弹性。

心理学家兼心理治疗师帕特里克·埃斯特拉德说："对很多夫妻来说，最初的激情过后，在真正的夫妻关系开始时，他们才发现双方在本质问题上不能相容。"而双方不能相容的重要原因之一，就是双方不能同视一个方向，在价值观上不能达成共识。埃斯特拉德认为："价值观由每个人的伦理决定，它是我们对待生活的方式，是我们选择的契约原则，支持我们在日常生活中取得进步。如果价值观迥然相反，相互在很多重大问题上不能达成一致，对方说的话、做的事甚至引起另一方的反感，这种婚姻的寿命不可能太长。"

我们不妨试着进入男人的圈子或者试着经营相同的事业，这样不仅每天生活在一起，就连工作也是在一起的。在生活上相互体贴和照顾，在事业中也能像林徽因和梁思成一样，相互交流自己的思想和智慧，并从中升华我们的爱情。

我们共同承担生活和事业中的艰辛与磨难，也共同分享工作中的喜悦和成就，我们可以拿出更多的时间和空间去体验生活与爱情、事业和谐共生的美好感受，相亲相爱，相互依偎，相互温暖对方，相濡以沫地走过爱河里所有的时光。

爱是一种高度社会化的情感，它存在于生活的方方面面中。如果夫妻把各自封闭在自己的小圈子之中，爱的温度是很难维持的。

诚如心理学家埃斯特拉德所说："只要彼此相爱，就没有什么不可逾越的障碍。如果双方决定共同生活，并让两个不同的内心世界和平相处，他们就会真心实意地接受彼此的差异。"

两个人同视一个方向，让我们拥有相同或相似的价值观，拥抱和谐幸福的生活。

4. 成为对方事业的"亲善大使"

现在是两性平等的社会，男女双方都要努力缔造前程，彼此相互提携，为了共同的方向一起努力迈进、享受成果，这是人生最美好的事。其实，家庭好比一辆行驶在路上的马车，有时会陷入泥潭、沼泽，此时你就应当承担起做爱人的责任，及时调整自己，给心爱的人添一份哪怕是微薄的力量。

一天早上，电车里的乘客都突然伸长脖子，注视着一个活泼敏捷、衣着入时的漂亮女士——她扛着一把猎枪跳上了车。

这是个广告噱头？或者她是个怪人？许多乘客内心都感到隐隐不安，直到这位女士到站下了车，大家才松了一口气。其实，这只不过是丽亚在帮她丈夫的客户的忙，把这支赊账买来的猎枪送回到原来的店里去。

她的丈夫梅尔是一家家用电器厂的优秀推销员，丽亚曾经想出许多方法来帮助他拓展业务，由此她被自己的先生戏称为他的"星期五女郎"。

"我先生对工作充满了热情和活力，甚至连他的日常生活，包括吃饭、睡觉与呼吸也都是如此。"丽亚曾自豪地对朋友说，"而我自然也感染到这令人振奋的激情。过去几年来，我曾经想出各种办法来帮助他。直至今天，我一直都很喜欢帮他做些力所能及的事情。"

丽亚认为，让丈夫把全部精力都用到业务的拓展上去十分重要，为此，她设法不让丈夫为琐事分神。她相信，如果她能够帮助丈夫处理一些细小却又必要的杂务，她的丈夫就能更好地集中精力做事，发挥出他最大的潜能。

由于梅尔先生有许多信件，必须带回家里处理，所以丽亚很快就学会了打字。开车跑遍30多个州，对一个男人来说是很费精力的事情，所以丽亚也学会了开车。"我曾开车把梅尔从纽约时报广场接送到旧金山金门大桥。"丽亚骄傲地说，"对他来说，这是一件很简单的事。对我来说，可就是一个很奇妙的体验了。"

看得出来，丽亚即使是培养嗜好，也都是在为她丈夫的事业着想。她收集了许多旧熨斗，有些甚至已经有上百年的历史了。她还为先生画了许多彩色海报，准备在销售会上将它们展览、陈列出来，这当然也会收到不错的效果。

由于丽亚为丈夫的事业付出了不少心血，所以她能从丈夫的成功之中获得更多的成就感。难怪当梅尔先生在田纳西州的一次销售会上发表演说以后，听众中就有人问他："我不知道，今天晚上谁对你的演讲最感兴趣？是推销员还是你的太太？"

每个人都无法预料未来会发生什么意想不到的事情，使家庭的经济来源突然中断。面对突如其来的变故，贤惠的妻子不应该用谩骂、争吵和指责来解决家庭问题，而应与丈夫一起承担家庭的责任，不退缩、不逃避。调整方向，目标一致，夫妻才能一起走过生活中的风风雨雨。

　　总统富兰克林的妻子——安娜·埃莉诺·罗斯福是一个不同寻常的女人，她从本质上改变了白宫女主人的传统形象，成为各种社会活动的积极倡导者、政治活动的热情参与者、丈夫事业的有力支持者和政治合作伙伴，这种现象是前所未有的，并为后来的第一夫人们所效仿。

　　作为一名政治家的妻子，埃莉诺全力支持丈夫的一切活动。1910年，她支持丈夫竞选成功，当选为纽约州达奇斯县的参议员。1912年，富兰克林由于帮助威尔逊竞选成功而被任命为海军助理部长，政治前途一片光明。此时，埃莉诺认为自己更应该助丈夫一臂之力，当好他政治上的助手。

　　1928年，富兰克林在埃莉诺的帮助下当选为纽约州州长。从富兰克林瘫痪到当选为纽约州州长的7年里，埃莉诺的政治贡献和出色的组织才能使她成了纽约有重大影响力的政治家之一，她的务实精神在民主党内及妇女政治组织中引起了人们的注意。

　　在富兰克林任纽约州州长的4年中，埃莉诺和富兰克林学会了在政治上互相帮助，接近于一种两个政治家间的专业合作。为了保住丈夫的政治生命，埃莉诺成了他政治上的代言人。在为共同事业进行的奋斗中，他们的夫妻关系变得日益融洽、和谐起来。在4年的州长夫人生涯中，埃莉诺成为富兰克林的"耳目"，及时向他汇报各地的情况，并提出解决问题的办法。这也使埃莉诺在政治上日渐成熟起来，为她12年的第一夫人生涯做了充分的准备。

　　有人形容，夫妻就像筷子，谁也离不开谁，酸甜苦辣一起尝。对于志趣相投、学习与发展途径兼容者，不是简单的夫唱妇随，而是彼此互相协助，共同发展进步。即使不同行，也有许多夫妇从年轻时期就携手共创事业，在编织美丽的梦想后，全力以赴，互相勉励与坚持，这也是值得钦羡的模式。携手共同创业，终必卓然有成。

5. 不断地换位思考

男人和女人对生活的关注点不同，思维方式也会有差异，因此发生争吵在所难免。发生矛盾时，我们要冷静下来，站在对方的角度去想一想，可能你会发现有些事情是合理的，至少可以试着去接受。

苏萨和丈夫小魏谈恋爱的时候，同事都说："小魏是个很专一的人，他能十几年如一日地痴迷于木雕，对你就更不用说了。"苏萨听了心里暖暖的。两人不久便走进了婚姻的殿堂。

婚后不久，小两口在银行按揭购买了一套住房，经济上有些拮据，可是丈夫痴迷于木雕，依旧在雕刻工具和模型上大把花钱。对此苏萨颇有微词。

有一次，家里的电视机坏了，苏萨一连十几个晚上没法看韩剧，心情很不好，她打算叫丈夫把影碟租回来。丈夫下班回来，很兴奋地对苏萨说："你猜我带了什么好东西回来？"苏萨暗自高兴："一定是影碟，这呆子原来还是蛮善解人意的嘛！"正想赏他一个吻，突然，电脑荧屏上出现一行字——"民间木雕工艺欣赏"。

苏萨又气又急，张开嘴在他肩上狠狠地咬了一口，趁他还没反应过来，抱着影碟就跑。他忙过来抢，不知怎么把苏萨往外一推，"砰"

的一声，苏萨重重地摔在地上，摔得她头皮发麻，眼冒金星。

苏萨借题发挥，坐在地上大哭起来："你买这些东西有什么用？这东西能当饭吃吗？"没想到丈夫却毫不示弱地说："我看见它就可以不吃饭！"

苏萨想，这日子没法过了。她爬起来，拿了两件衣服就往外走。看见她要"离家出走"，丈夫开始心软，急忙追上来说："你知道我对木雕很着迷，大不了我把那些都收起来。"说完便跑进书房，把所有木雕的书籍和工具通通装进纸箱里，放到床底下。看丈夫似乎有悔意，她只好作罢。从那天以后，丈夫把家里的财政大权也交给了苏萨。

自从丈夫与他的爱好"划清界限"之后，就像变了一个人似的。整天一副闷闷不乐、心事重重的样子，吃不好，睡不香，整个人瘦了一大圈。问他是不是病了，他总说没事。苏萨担心他的身体出毛病，想办法找机会跟他沟通，但双休日他总也不待在家里。

一天，苏萨接到朋友打来的电话："晚间新闻看了吗？你们家小魏周末在给一所职业学校上课呢！好羡慕你哟，嫁了一个这么优秀的老公！"

放下电话，朋友的话一直萦绕在苏萨耳边。丈夫在朋友眼里那么优秀，而她却只看到他的不足。供房与他的嗜好之间没有什么必然的矛盾，都怪自己小题大做。

忽然之间，苏萨有了一种感悟："爱他，就不要改变他，而是应该试着去接受他，欣赏他。"她忙从床底下的纸箱里，把丈夫的那套心爱之物都搬了出来，分门别类地重新放上书架，让那些根雕、树雕"重见光明"。

有些人不明白爱人为什么总是埋怨自己、指责自己，而自己的努力对方却视而不见，以至于夫妻双方都很苦恼。其实双方都是为了家庭着想，只是采取的态度和方式不能让对方接受，因此才会导致矛盾发生。这些问题产生的原因，除了少数确实无法调和，更多的是婚姻中一方只是站在自己的角度看问题，忽略了对方的想法和感受。

卡耐基认为：夫妻双方都应该试着站在对方的角度去考虑问题，感受到对方的艰辛，了解对方的需要，这样才能以更体贴、更温柔、更自信、更乐观的态度去调节好婚姻生活，塑造好丈夫或好妻子的角色，让家庭成为夫妻避风遮雨的港湾。

夫妻之间需要坦诚相待，更需要换位思考。只有不断地换位思考，才会相互理解，相互尊重。只有在不断磨合的过程中，夫妻的兴趣、志向、价值取向、生活习惯才会越来越一致，婚姻生活才会越来越融洽。学会换位思考，以一颗平常心去面对婚姻中的一切变化，你会有意外的收获。

6. 爱与被爱都不如相爱

爱是孤单的一个字，所以需要两个人相拥。当一个温馨、浪漫的鸟巢能够为劳累、疲倦的鸟儿避风遮雨，爱的港湾就是鸟儿的天堂。不要将你工作上的失意，生活中的不顺带到家庭中，家庭就是爱的港湾。

卡耐基认为：婚姻就是契约，你领到的结婚证，其实就是双方的一个契约。因此我们每一个人都应该理性地维护婚姻，要有强烈的契约意识，积极地经营婚姻。

而关于婚姻是爱情的延续，或婚姻是爱情的坟墓，各执一词。善于经营的人，自然会把婚姻经营得如爱情般甜蜜和谐，甚至有过之而无不及；而不善于经营的人，爱情只会在婚姻中慢慢地平淡，被生活中的琐事取代，直到消失。

李阳的妻子雅琴是一家大型商场化妆品的导购，而李阳则是一家文化公司的编辑。妻子雅琴因为职业的原因，通常下班的时间不固定，但是每次回家都会为丈夫准备好晚饭。然而李阳只有在吃饭的时候才会和妻子谈话，当然内容都是稿子如何烦琐的问题，吃过饭后就一个人憋在书房里面写稿子。而妻子则是一个人默默地收拾碗筷，然后一个人坐在沙发上发呆。有的时候太累了，就在沙发上打个盹儿。

雅琴工作一天累得不行，已经好久都没有和丈夫好好地聊一聊天，坐下来看个电视了。两个人看上去一点都不像刚刚结婚几个月的新婚夫妇。雅琴拖着疲惫的身躯，一个人爬到了床上，但是刚刚躺在那里，就闻到了一股烧焦的味道。她立刻爬起来打开灯，原来是李阳大半夜的嫌冷，插在客厅里的暖宝宝忘记拔掉了。

李阳向妻子道歉，雅琴只是嘱咐李阳："注意身体，工作重要，身体更重要。"李阳什么都没说，收拾好"残局"就再一次地进入书房忙碌了。雅琴心情很糟糕，因为她觉得丈夫对自己已经完全没有感情了，她刚刚出来的时候，手被烫伤了，但是丈夫完全没有注意到这一点，而是转战去了书房。

雅琴过着这样的日子，持续了一个月以后，她终于爆发了。她觉得丈夫完全不需要自己，总是疏远或冷落自己。尽管他们结婚以后，享受着精致装修的房子、柔软温和的色调、精致易碎的装饰器具、精巧雅致的设计风格，但是这些都和丈夫的冷落显得格格不入。雅琴开始陷入长久的抱怨之中，两个人越吵越凶，越闹越厉害，最后不得不分手。

人其实是很容易满足的动物，除了干净整洁之外，你能够给爱人一种快乐祥和的氛围，能够在下班以后放下自己的工作，和爱人聊聊天，甚至两个人回到恋爱时的感觉，互相嬉戏、打闹，即便是白天有再多的繁重工作，那么你的爱人也会感觉到生活是幸福的。因为他时刻都能感受到自己另一半浓浓的爱意、在乎和关心。为另一半经营一个爱的港湾，让他在这座爱的港湾里享受到幸福，你自然不会让爱人失望。

男人与女人共同建立的避风港和加油站就是"家"，家是一个能够让身心最为放松的地方，如果没有一个幸福的家庭，再完美的爱情也不过是虚幻。即便是温柔的人也会因为没有一个安全的避风港而变得暴躁不安，再贤惠的人也会骄纵放任。因此，你应该懂得为爱人创造一个充满温馨、安全和舒适的爱的鸟巢。即便在外飞得累了，能有一个避风遮雨的地方，这就是爱的港湾。有句话说："爱与被爱都不如相爱。"当男人和女人彼此深深地爱着对方时，天使就会从天堂下来，坐在那家人家里，唱起欢乐之歌。

当两个相爱的人迈进婚姻殿堂的时候，学会如何为真爱保鲜，应当是婚姻的第一堂课。拿起你温柔的武器，用聪明慧黠的灵巧心思，经营你婚姻里的爱情之花吧。相信幸福绵长的婚姻，不会再是神话。

7. 永远信任你的伴侣

幸福美满的婚姻，恰如一部悦耳动听的交响曲，夫妻间的互相信任，如同其中最华美的乐章，没有信任这个乐章，婚姻这部交响曲就会黯然失色，甚至有可能无法继续演奏下去。

信任是生活的基本态度。同样，在婚姻关系中，你们首先要信任你们的配偶是忠诚的、是爱自己的。信任，可以让你永远保持清醒的头脑，免受外来因素的干扰与侵袭，同时也充分地保障着婚姻的稳固坚实。试想，夫妻之间如果连最根本的信任都不存在了，还谈得上什么真爱？没有真爱的婚姻又怎么会稳固。信任是基石，宽容是相处之道，猜疑只会损害婚姻。

在婚姻中，信任是一棵树，它需要你疗伤、浇水，需要你精心爱护才能越长越大。而你的努力所得到的报答，就是爱情的花朵和幸福的果实。

夫妻俩幸福快乐地生活着，白天在外边上班，晚上回来享受天伦之乐。妻子林冉一直都认为自己是世界上最幸福的女人：袁贺绝对是新时代的模范丈夫，烧得一手好菜，每天早上起来总会做一个林冉最爱吃的三明治，然后热上一杯牛奶。

袁贺的妈妈来城里看儿子，要住上一阵子，并再三要求承担家务。看着儿子在外边上班挺累的，婆婆随即对儿媳妇产生了一些不满的情绪，心想做饭是女人的天职，媳妇真是被儿子给惯坏了。

之所以再三要求承担家务，一是实在不忍心儿子一天到晚那么辛苦，二是有意做给儿媳妇看。于是，林冉爱吃的三明治没了，换成了婆婆煮的大米稀饭；原来自由的二人世界没了，换成了整天被婆婆唠叨的场面，尽管大多时候也是出于好心。

这一些变化让林冉有些难以适应，吃不惯婆婆煮的大米稀饭，更不习惯累了一天回到家里还要听老人家的唠叨。大多时候她还是忍着，但她和老人家之间还是免不了产生一些摩擦，而袁贺所能做的永远只是在妈妈和爱妻之间和稀泥。

早上醒来，林冉洗漱完，懒洋洋地坐在餐桌前，接着又看到了大米稀饭，婆婆那期待的眼神又迫使林冉强忍着去尝试。这一次，林冉不知为什么再也咽不下去了，她慌忙跑到洗手间吐得稀里哗啦。当林冉喘息着平定下来时，见婆婆夹杂着家乡话的抱怨和哭声，袁贺站在卫生间门口愤怒地望着她，她干张着嘴巴说不出话，其实她真的想告诉婆婆和丈夫她不是故意的。

林冉和袁贺有了第一次激烈的争吵，婆婆先是瞪着眼看他们，然后起身，蹒跚着出门去了。袁贺恨恨地瞪了林冉一眼，下楼追婆婆去了。

整整三天，袁贺没有回家，连电话都没有。林冉很生气，想想自从婆婆来后，她够委屈自己了，还要她怎么样？莫名其妙的，她总想呕吐，吃什么都没有胃口，加上乱七八糟的家事，心情差到了极点。

婆婆回乡下了，夫妻俩开始了无休止的冷战。

一次上班中，林冉晕倒了，被同事送进了医院，才知道自己怀孕了。

她想回家后就告诉袁贺自己是因为怀孕的关系，所以才吐了婆婆煮的大米稀饭。可是，巧的是夫妻俩居然在医院碰到了，而袁贺身边还跟着一个女人。林冉愤怒了，她想袁贺果然是有了外遇了，所以就没告诉袁贺自己怀孕了。

晚上，林冉接到妈妈的电话。妈妈质问林冉是怎么回事，怎么这么不孝顺。原来婆婆回去非常生气，逢人就说自己的儿媳妇有多么多么的不孝顺，自己辛辛苦苦做饭给儿媳妇吃，儿媳妇不仅不感激，反而还嫌弃地将饭给吐了。林冉听后生气极了，都忘记解释了，于是决定和袁贺离婚。

而袁贺在医院里碰到林冉之后，也做出了一个看起来更加过分的决定，和林冉分居，而且还分开了两人所有的日常生活用具。几乎每个夜晚都是独自一个人外出，有时候很晚才回来，而且每一次都带着一些东西。

林冉决定和袁贺离婚，于是打算和袁贺摊牌。晚上，她推开袁贺的房间后惊呆了，整个房间里堆满了婴儿的玩具和营养品，正当她沉浸在感动中的时候，她忽然发现旁边桌子上还放着一张病历，原来他那天去医院是看病。

林冉激动地冲进袁贺怀里，袁贺抱着她说："对不起，都怪我粗心没注意到你怀孕，那时候我以为你是嫌弃我妈妈，可是我忘记了，我应该相信你的。你不会是这样的人。"林冉也哭着说："我以为你有外遇了，所以才没解释的。"袁贺紧紧地抱着林冉说："看来，我们都忘记了信任了。"

信任着的爱好比一朵美丽娇艳的花，它美丽，却很娇嫩，又易枯萎，需精心爱护。这中间，猜疑的一方固然是卑俗的，而轻易做出容易引起对方猜疑事的另一方也是愚蠢的。

猜疑是一种没有一点正面价值的不良心态，人一旦陷进猜疑的误区，必定处处神经过敏、捕风捉影，既损害正常的人际关系，更影响自己的幸福生活和身心健康。

她对婚姻莫名的恐慌好像是从丈夫升职为总经理，回家的时间越来越少的时候开始的。当他说晚上有应酬不回家的时候，她会忍不住想也许是和某个年轻漂亮的女人在一起；他晚归，她会趁他睡熟时查看他的手机短信，像贼一样拎起衬衣仔细地闻仔细地看。

对于她的怀疑和侦查，他不是没有察觉的，他讨厌她疑神疑鬼的样子，争吵日益频繁，她的心情越来越糟糕，开始在朋友的建议下去看心理医生。心理医生听了她的倾诉后说，周末会在公园举行一次活动，到时候带着她的丈夫过来。

周末的时候，她和丈夫去了，那天去的都是夫妻。心理医生让妻子们背朝丈夫站成一排，然后，命令丈夫们站在后面一排做好救助准备，待他喊了"开始"之后，前一排的妻子就往后一排相对位置的丈夫身上倒。他说："夫妻是世界上最亲密的人，所以，你们不要有顾忌，要尽力往后倒，好，开始！"女人们都嘻嘻哈哈地笑着，身子一点点地往后倒，她也往后倒着，但是暗自掌握着身体的平衡，她担心，后面的那个人不会好好地接着她。果然，她听到了接二连三的"扑通"声，原来有心实的女人真的往后倒去，结果站在身后的丈夫却没有认真地去抱倒过来的妻子。从地上爬起来的女人眼中都有了泪水，失手的丈夫们也满脸通红。她暗自庆幸自己多了个心眼儿，回过头却看见丈夫脸色阴沉地看着另外几对夫妻。那几对都是妻子真的往后倒，而丈夫倾尽全力接抱的。

心理医生指着那几对抱在一起的夫妻说，他们是这次实验中表现最为出色的人。他说："在这里，妻子为大家表演了'信赖'，信赖就是真诚地抽干心里的每一丝猜疑和顾忌，百分之百地交出自己。丈夫为大家表演的则是'值得信赖'，值得信赖其实是信赖催开的一朵花，如果信赖的土壤过于贫瘠，那么这朵花就不会生长，更不会开放；当然如果信赖的土壤肥沃松软，值得信赖这朵花就会开放得非常美丽。先生们女士们，我知道你们当中有很多人都在婚姻中感到了困惑，常常感叹自己的不幸福。在这里，通过这个活动我想告诉大家的是，信赖别人是一种幸福，值得信赖也是一种幸福，想要幸福，首先学会的就是要懂得信赖！"

她在那一刻恍然明白自己为什么没有真实地向后倒去了。

那天回到家，她和丈夫又玩了一次那个游戏。她问："亲爱的，你会抱住我吗？"后面的人说："会，我会的。"她闭上眼睛，直直地向后倒去，她能感觉到丈夫很努力地支撑着她已经发福的身体。泪水从眼里流了出来，她再一次找到了通向幸福的那扇门。

感情不是靠一方的强力控制来维持的。猜疑会给双方带来伤害，一旦有了猜疑，信任会像钙一样流逝。一旦婚姻中缺失了钙，就容易出现裂痕。只有彼此信任，感情才会越来越深，亲情也会更加浓郁，家庭才能幸福美满。

信任是幸福生活的前提，也是幸福生活的基础。夫妻之间、家人之间一旦缺少了基本的信任，裂痕也就出现了。所以，我们一定学会相互信任。多一份信任就会少一份猜测，也就会多一份幸福与快乐。